《滑鼠掰

「快

第2章		
2-6	**Ctrl+F1**	顯示／隱藏功能區
第3章		
3-4	**Ctrl+R**	回覆
3-4	**Ctrl+Shift+R**	全部回覆
3-5	**Tab**	下一個欄位
3-5	**Shift+Tab**	上一個欄位
3-6	**Esc**	關閉／停止／清除
3-7	**Ctrl+F**	轉寄
3-8	**Ctrl+<**	上一封郵件
3-8	**Ctrl+>**	下一封郵件
3-9	**Ctrl+N**	開啟新項目
3-10	**Ctrl+Enter**	傳送郵件
3-11	**Ctrl+E**	搜尋郵件
3-12	**Ctrl+Shift+<**	縮小字型
3-12	**Ctrl+Shift+>**	放大字型
3-13	**Ctrl+1**	郵件頁面
3-13	**Ctrl+2**	行事曆頁面
3-13	**Ctrl+3**	連絡人頁面
3-13	**Ctrl+4**	工作清單

！Outlook 高效整理術》

速鍵」一覽表

第 4 章		
4-5	**Ctrl+Shift+E**	建立新資料夾
第 5 章		
5-5	**Ctrl+Shift+Q**	開啟會議視窗
5-5	**F12**	另存新檔
5-6	**Alt+F3**	登錄快速組件
5-6	**F3**	插入快速組件
第 6 章		
6-1	**Ctrl+Alt+R**	發出會議邀請
6-2	**Ctrl+Space**	清除格式
6-3	**Shift+ 滑鼠右鍵**	複製檔案路徑
6-3	**Ctrl+K**	插入超連結
6-4	**F7**	拼字及文法檢查
6-5	**Ctrl+Shift+I**	前往收件匣
6-5	**Ctrl+Shift+O**	前往寄件匣
6-6	**Alt+ 數字**	快速存取工具列
第 7 章		
7-3	**Ctrl+Y**	移至資料夾

滑鼠掰！

Outlook 高效整理術

年省 100 小時的 32 個技巧，資料整理×減少切換×工作革新×活用快速鍵

快速鍵、Outlook 研究家 森新 著／歐兆苓 譯

suncolor 三采文化

只要具備「Outlook 力」，一年可以省下一百個小時

提高上班族生產力的最快捷徑

Outlook（電子郵件）應該是占用上班族最多時間的工作了吧？採用 Outlook 的企業光是花在 Outlook 上的時間就多達「平均五百小時／年」，遙遙領先 Excel 或 PowerPoint。

然而目前市面上並沒有經過整理歸納的 Outlook 省時技巧及相關知識，因此每個職場或使用者都是以自己的方法操作 Outlook。

在日本舉國上下都想藉由工作方法改革來提高生產力的趨勢下，我不懂為什麼不幫最花時間的工作提高效率、確立相關的使用規範？因此，我著手研究 Outlook，整理並確立可以大幅縮短工時的方法，將其濃縮成一本書出版成冊，我想這應該是日本出版的第一本專為上班族設計的 Outlook 教學書吧！

只要透過本書增進 Outlook 力，每個人都可以「只記住十個快速鍵 & 郵件的整理及應用法」，就擁有「全公司最整潔、零漏信、零重複的收件匣」，並成為「全公司速度最快的 Outlook 高手」。

我衷心期盼能透過推廣「Outlook 力」這個大眾不甚熟悉的詞彙，凸顯流於組織化或個人化的 Outlook 技能的必要性，為日本整體生產力的提升做出貢獻。

比會用 Excel、PowerPoint 更重要的「Outlook 力」

我很確定增進 Outlook 力是在工作方法改革當中最能有效提高生產力的做法，因為與 Excel 不同，Outlook 屬於通訊工具，從新進員工到經營團隊，幾乎無一例外都會用到它；相較於一般在升上管理階級後就會越來越少碰到的 Excel，提升 Outlook 力會讓整個組織獲得更大的成效。

我至今透過開設講座的方式介紹 Outlook 的使用技巧，有不少人不過是參加過一場九十分鐘的講座，就成功省下「超過一百小時／年」，儘管數字看起來相當可觀，在考慮到原本「平均五百小時／年」的前提下，這樣相當於是提升了 20％的效率；反之，我們也可以說，大約 20％浪費時間的操作是可以立刻被改善的。

如果一年多出一百個小時，你想用來做什麼？以一天工作八小時來算，大約相當於十三個工作天。我認為工作方法改革的真正目的不在於縮短工時，而是「增加可以自由運用的時間，主動尋找新方法，促進個人及組織的成長，根據自己的意志讓人生變得更多采多姿」。增加與家人相處的時光並留下美好回憶、挑戰人生總想經歷一次的長期海外旅遊、留學、曾經放棄的夢想，甚至是開創新事業等等，十三個工作天足以做到很多事。

我用這些多出來的時間挑戰寫書、創業，並且成功幫自己最愛的單板滑雪，保留每個旺季 30 次以上的練習時間。若是能徹底改變最耗時的電子郵件處理效率，人生便會擁有更多能自由運用的時間，可以分配給那些即使改善其他工作的效率也無法實現的新嘗試或新挑戰。

Outlook 高效工作術
一年幫你省下 100 個小時的 32 個技巧

CONTENTS

第3章 往「脫滑鼠」之路邁進的十個基本快速鍵 39

第4章 讓工作速度變快的電子郵件整理術 67

＊本書介紹的是 Windows 版的 Outlook，操作方法和功能都與 Mac 版不同，還請特別留意。

第 1 章

最重要的電腦文書技能是「Outlook 力」

「Outlook 力」帶來的衝擊與意義

用 Outlook 技能提升職場上的生產力

「增進 Outlook 力對公司生產力的提高是不可或缺的。」

在第一場公司外部的演講上，我對此深信不疑，也許有人認為我在誇大其辭，但從許多企業都在使用 Outlook 的情況來看，這句話絕對一點也不誇張。

根據日本求職網站 Mynavi 針對「公司使用何種電子郵件程式」的調查，第一名的 Outlook（38.7%）市占率是第二名 Gmail（16.0%）的兩倍以上；也就是說，只要強化 Outlook 力，就有機會讓四成左右的企業提高生產力。

Outlook 有一個特色，那就是企業內幾乎所有員工都會用到它，這點與 Excel 或 PowerPoint 大相逕庭。許多企業都有這種傾向：當員工當上主管以後，雖然少了用 Excel 分析數據的機會，卻多了很多需要調整或判斷的工作內容。因此對他們來說，加強 Excel 技能並不能讓生產力大幅增加。

另一方面，包含主管在內，整間公司的員工都會用到通訊兼行程管理工具的 Outlook，**只要加強 Outlook 力，從管理階層到新進人員，幾乎所有員工的生產力都會有所提升。**作為一個能夠縮短工時、提高生產力的技能來說，還有其他效果更好的選項嗎？我可以非常肯定地告訴你：「沒有」

結束第一場演講之後，我從學員那邊收到了這些感想：

「我很驚訝自己竟然因為 Outlook 浪費了這麼多時間」

「我從沒想過 Outlook 竟然在省時方面具有如此龐大的潛力」

「不用滑鼠就可以這麼快，做到這麼多事，令人大開眼界」

「我想把這些技巧分享給所有同事」

由於當時我對自己的研究結果能否適用於其他公司缺乏信心，內容也還沒有經過進一步的整理，因此收到這些反饋著實讓我相當訝異。

「Outlook 力至今不曾獲得人們的關注。」重新意識到這一點的我，認為裡面一定還藏有讓日本提高生產力的可能性；而我在每一場演講都會用心傾聽學員的煩惱，摸索為他們解決問題的答案，為了把這些累積下來的知識分享給更多人，本書將以淺顯易懂的方式進行說明。

2 什麼是「Outlook 力」？

首先從「脫滑鼠」開始吧！

使用 Outlook 進行的工作可以分成三種：

A：寫信

B：讀信

C：整理（搜尋）

本書將能以最精簡的理想操作處理這些工作定義為「高效 Outlook 力」。我們來看看這些工作具體要做哪些事。

「寫信」的正常流程如下：

操作→打字＋操作→操作

在這個流程當中，最理想的操作是不用滑鼠，只用鍵盤完成所有事。因為用電腦打字時，雙手基本都會放在鍵盤上，如果每次操作都要把手移到滑鼠，會導致工作效率大幅降低。「不用滑鼠」聽起來好像很難，但其實只要學會幾個快速鍵就可以達到這個理想。

「讀信」分成看完就好（只需要操作）以及看完馬上接著「寫信」這兩種情況。現實中很少有上班族收到的電子郵件都是只要看、不用回的，像後者這種看完接著「寫信」的占了大部分。

因此「讀信」的理想操作也是不用滑鼠，只用鍵盤，而這同樣只需要學會幾個快速鍵就能實現。

「整理（搜尋）」包含各式各樣的工作內容，譬如把郵件收進資料夾、搜尋以及標示為未讀等等。理想的操作是善用 Outlook 內建的便利功能，並且以鍵盤完成所有步驟。

很多上班族尤其在整理浪費了太多時間；先建立「整理」的正確觀念，再善用快速步驟、詳細搜尋和搜尋資料夾等各種功能，以最快的操作方式完成工作，這才是「整理（搜尋）」應該追求的最終目標。

本書將介紹在處理這三種工作時應該要有的觀念，以及必用功能的具體操作。你可能已經發現了，縮短工時的最佳解答是「讓你的手脫離滑鼠」——也就是實現「脫滑鼠」。

Outlook 只要學會 10 個快速鍵，就能只靠鍵盤執行九成以上的操作，實際跟著書上的說明調整工作方式，你一定會對立刻得到改善的工作效率很有感。

為什麼「Outlook 力」很重要？

工作方法改革就從「改變手指的動作」開始

「透過工作方法改革來提升勞動生產力，利用多出來的時間嘗試新的挑戰吧！」

這樣的口號已經在公家機關和企業法人行之有年，例如導入居家辦公、調整作業流程，或參加外部課程等等，儘管組織及個人不斷嘗試各式各樣的改善和努力，將能讓勞工實際感受到改革成效的方法活用在工作上的例子卻不多。

我認為對工作方法改革最有效也最該優先執行的，是「設法讓占用組織最多時間的工作提高效率」。（以白領階級來說）用電腦應該算是在組織裡最花時間的工作了吧？因此加強電腦技能有助於幫助生產力大幅提升。

以上是每個組織或個人都知道的事；而為了增進電腦技能，舉辦 Excel 或 PowerPoint 的讀書會、研討會或自行研究則是普遍的潮流。

但是從優先順序來看，這種做法稱不上是上上之策。因為根據我的調查，採用 Outlook 的組織使用每一種軟體的時間，由多到少排序如下：

Outlook > Excel > PowerPoint

正如我在 P.12〈「Outlook 力」帶來的衝擊與意義〉說過的一樣，由於 Outlook 是一種通訊工具，從新進員工到經營團隊，使用的範圍相當廣泛，因此如果從組織整體花在各種軟體上的工時來看，使用 Outlook 的時間位居壓倒性的第一。

然而，有一大半的上班族都是靠自己摸索 Outlook 的使用方法，如果問他們「你是否有效使用在組織裡占據最多時間的 Outlook」，答案應該是「No」吧。

我再強調一次，有效使用 Outlook 的最大關鍵，在於自始至終都用鍵盤進行操作。我之所以認為「工作方法改革的起點是改變使用 Outlook 時的手指動作」，原因就在這裡。

只要學會如何用手指在鍵盤上操作 Outlook，就可以進行立竿見影的改革，騰出大量的時間，甚至將這些時間作為挑戰進一步改革的投資成本。

提高組織整體的 Outlook 力，是工作方法改革當中一個極為重要的觀點，而跨出第一步的起點則是記住「手指的動作」。

我為什麼會開始研究 Outlook？

放棄自己摸索！以為有，但其實沒有的 Outlook 教學書

「Outlook 力」這個字到目前為止已經出現了好幾次，讀者們或許會對它感到有點陌生，但如果換成「Excel 力」呢？這就有很多人聽過或看過了吧！

而且如果用「Excel 力很高」來形容善用 Excel 的內建功能統整數據，以事半功倍的方法完成工作的人，大部分的人一定都能夠理解。

「Excel 力」被廣泛使用，「Outlook 力」則不然；可是我們已經知道，就採用 Outlook 的組織來看，他們用在 Outlook 的時間比 Excel 還多。有這麼多人花了這麼多時間在 Outlook 上，「Outlook 力」卻並不普及，甚至根本可說是乏人問津，這讓我覺得非常不可思議。

「就跟用對方法就能提高 Excel 的效率一樣，Outlook 一定也有能提高效率的操作和方便的功能。」抱著這樣的想法，我踏上了 Outlook 的研究之路。

可是，我卻迎面撞上了一堵高牆：別說是網路了，包含書籍在內，幾乎沒有任何文獻統合整理了有效使用 Outlook 的方法。「沒有理論的話就自己建一個。」身為一個徹頭徹尾的理科人，一旦開始產生興趣就會卯起來追根究柢的我，一股腦地栽進了 Outlook 的研究裡，主要針對組織內的個人在操作 Outlook 時的習慣、傾向，以及使用情境等等，從定性和定量兩方面進行分析、發掘課題並找出解答。

本書公開了這些研究的內容和解答，根據上述觀點切入並說明 Outlook 的功能和特性，從這點來看，本書或許可說是日本史上第一本 Outlook* 教學書 。此外，我刻意在本書使用「Outlook 力」一詞，藉此希望讓人們意識到 Outlook 正流於組織化、個人化的問題，期盼有朝一日能為國家整體的生產力提升帶來貢獻。

COLUMN 座右銘

雖然不知道能不能稱為座右銘，但是我經常反問自己這句話：

「我這個人的存在與否，是否會讓世界有所不同？」

這句話是我從一位經營者那邊聽來的。為世界帶來不同的方法也許是家人，也許是興趣，每個人都不盡相同；但可以肯定的是，如果每天只是隨波逐流、得過且過地虛度光陰，那麼世界一定不會因為你有任何不同。

我在執筆的當下非常期待讀者們能夠盡量提升工作效率，增加可以自由運用的時間，並且利用這些時間創造屬於自己的不同。與此同時，本書也是我的不同，而我也由衷希望它能成為一個讓各位活用個人特質，創造更多不同的契機。

---

* 我在日本亞馬遜購物網站（https://www.amazon.co.jp/）以及國立國會圖書館搜尋引擎（https://iss.ndl.go.jp/）以「Outlook　技巧」為關鍵字進行搜尋，並沒有找到專門介紹提升 Outlook 技能的書籍（2019 年 1 月）。

花在 Outlook 上的時間＝五百小時／年

讓你不知不覺流失寶貴時間的「三大浪費」是什麼？

我在 Outlook 講座上一定會問一個問題：

「請問：你使用 Outlook 的時間占了總工時的百分之幾？」

經過統計，每場講座的答案平均都落在 30％附近；如果算得更精確一點，平均值會略高於 35％。你花在 Outlook 上的時間是百分之幾呢？

根據工作內容和職位的不同，答案從 20％到 70％都有。在這裡我想請各位實際感受的，不光只有個人花在 Outlook 上的時間比率，還有把 35％這個平均值帶入上班族年總工時後得到數字——「大約五百小時／年」有多麼驚人！請你先意識到自己光是在 Outlook 就用了這麼多時間；利用率是 70％的人則是約一千小時／年，就算是 20％的人也有約二百八十小時／年，無論是哪一種，得出的結果無疑都非常可觀。當你發現自己將如此龐大的時間花在 Outlook 上，應該就能理解為什麼提升 Outlook 的操作效率會帶來豐碩的成果了吧！

那麼，為什麼 Outlook 用掉了這麼多時間呢？正如我在 P.14〈什麼是「Outlook 力」？〉所述，使用 Outlook 進行的工作可以分成以下三種：

A：寫信。

B：讀信。

C：整理（搜尋）。

根據我的調查，一般職場用在這三種工作上的時間多寡依序如下：

第一名：整理（搜尋）。

第二名：寫信。

第三名：回信。

比起用郵件與他人通訊的「寫信」、「讀信」，大家把更多時間花在「整理（搜尋）上」。

進一步分析之後，我發現了一個特殊的現象：即使是一樣的職位或工作內容，有人用 Outlook 很花時間，卻也有人用起來既省時又有效率；而且我還發現，被 Outlook 吃掉大量時間的人有一個共通點，那就是他們都有以下三種浪費時間的行為：

A：切換畫面的浪費

無意識地在多個畫面之間切換而造成時間損耗。

B：依賴滑鼠的浪費

手在鍵盤和滑鼠之間來回移動而造成時間損耗。

C：過度整理的浪費

濫用資料夾以及由此衍生的操作和判斷造成時間損耗。

從下一章開始，我將以改善這「三大浪費」為中心，介紹有效使用 Outlook 的方法。

第2章

減少浪費時間在「切換畫面」的技巧

魔鬼就藏在例行公事裡

減少切換畫面產生的浪費

你有沒有發現自己在使用 Outlook 的時候會不停地切換畫面？所謂的切換分成兩種情況：

1. 在不同畫面之間進行切換（切換 Outlook 與檔案總管）。
2. 在畫面上下進行切換（滾動捲軸）。

舉例來說，請回想一下在郵件裡附加檔案的動作，你應該會從撰寫新郵件的視窗切換到檔案總管，複製想要的檔案之後再回到郵件視窗貼上吧！而且這個動作會在工作期間不斷重複，雖然你自己可能沒有意識到，但是經過這樣的拆解，你會發現往返不同畫面占用了很多時間。

另外在讀信時也經常需要滾動捲軸，你或許覺得這個動作花不了多少時間，但俗話說「積沙成塔」，這種一點一點的累積正是造成時間大量流失的原因。

綜上所述，請你記得，切換畫面有兩種情況，而且兩種都會造成時間的浪費，只要減少這兩種情況的發生，就可以用一樣的時間做更多的事。本章將舉出五個具體例子，說明減少切換畫面的操作方法與相關設定。

Case 1
固定行事曆

不要為了確認下午的行程切換畫面

Outlook 有內建行事曆的功能，使用時也會頻繁地切換畫面，例如：上班打開 Outlook，先切換到行事曆確認下午在哪間會議室開會，確認完之後切回收件匣，可是幾分鐘後客人寄來了調整行程的通知，只好再切到行事曆確認明天的空檔。

這種情況可說是浪費時間在切換畫面的典型；只要更改設定，讓行事曆顯示在郵件頁面上，就可以減少這樣的浪費，不用繼續在郵件和行事曆之間來來回回，而是靠移動視線或點擊日期來確認行程。

讓行事曆顯示在郵件頁面的設定方法如下：

圖 2-1　固定行事曆

開啟〔**檢視**〕索引標籤，點選〔**待辦事項列**〕的〔**行事曆**〕；有些版本的 Outlook 還可以選擇〔**日期導覽**〕或〔**約會**〕。

圖 2-2 不用再切換畫面

可以從郵件頁面瀏覽行事曆

以當天為重點的預定行程會出現在郵件頁面的右邊（待辦事項列），從這裡可以直接看到往後幾天的行程，而比較久的日期可以直接點擊行事曆上的日期確認。

Case 2
附加檔案要最先處理

先處理附加檔案還可以減少出錯

關於在郵件裡附加檔案的方法我在 P.24 也有提到，大部分的人會在開啟新郵件、打好本文之後，再複製想要的檔案貼進郵件。這是一般的操作方法，當然也沒有任何不妥，不過裡面其實有兩個很大的問題。第一個問題是很有可能會忘記附加檔案，你應該至少有過一次這種經驗：打完本文之後，被成就感沖昏了頭，忘記點選附加檔案就把信寄了出去，只好連忙補上附件再重寄一次。通常我們在寫信的當下就已經知道要傳給對方什麼檔案，因此最好在開啟新郵件時就先處理附加檔案。第二個問題則是因為必須不斷來回切換畫面，所以速度一定快不起來。

附加檔案只要切換一次畫面就可以完成，這是最快的操作方式。

具體做法如下：

圖 2-3 複製檔案

選擇要附加的檔案，按〔**Ctrl**〕＋〔**C**〕（複製）。

圖 2-4 在收件匣貼上

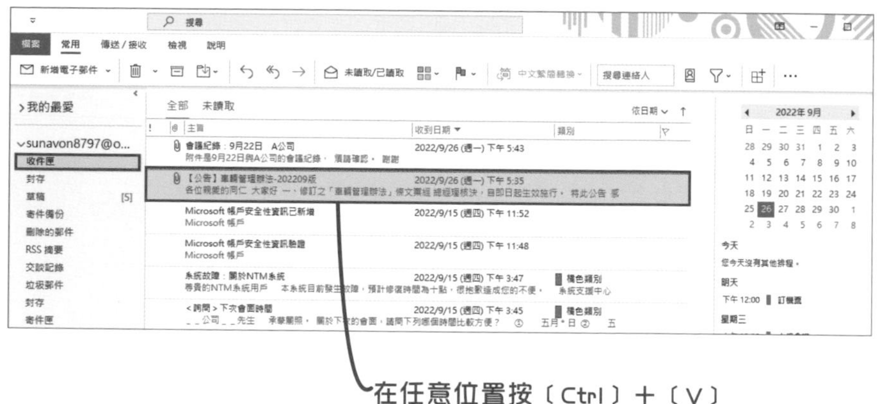
在任意位置按〔Ctrl〕+〔V〕

打開 Outlook 的郵件頁面，在收件匣內的任意一個位置按〔**Ctrl**〕+〔**V**〕（貼上）。

圖 2-5 先添加附檔

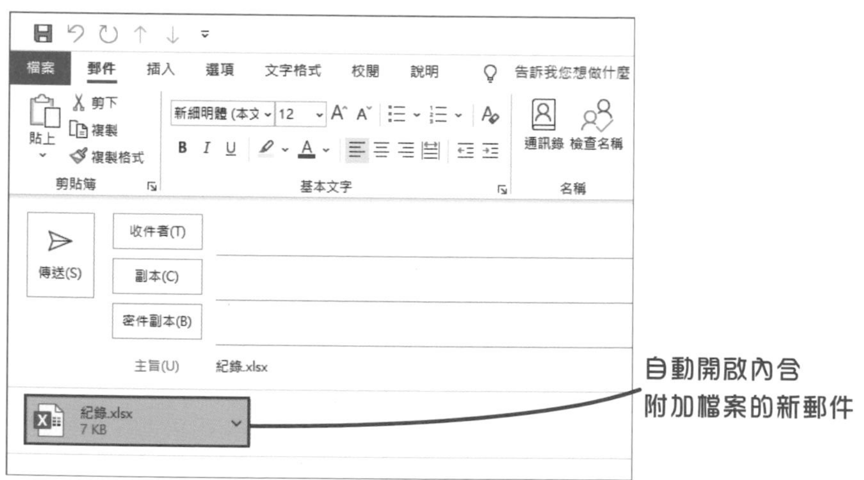
自動開啟內含
附加檔案的新郵件

畫面會跳出已經含有該檔案的新郵件，請填妥收件者和本文後再按下傳送即可。此外，如果只有一個附加檔案，郵件主旨會預設成檔案名稱，請視需求修改；如果檔案有兩個以上，則主旨會空白。

Case 3
不從行事曆頁面開啟新工作

輸入行事曆只要切換畫面兩次就好

有在用 Outlook 的行事曆管理行程或工作的人，大部分應該都是把郵件裡的文字複製貼上。意思是說，假設你收到了之前報名的講座確認信，你會先一一複製信裡的時間、地點和內容，再打開行事曆頁面貼上去。

這個動作也需要切換畫面：開啟郵件，複製好本文並關閉郵件，接著切到行事曆頁面，點擊〔**新增約會**〕，貼上複製的文字，然後再切回到郵件——光是到這裡就已經切換了四次以上；如果把日期或和文字分成好幾次轉貼，這個數字還會再繼續增加。

不過，**只要在複製／貼上的做法上下一點功夫，就可以只靠兩次切換把郵件內容輸入行事曆**，甚至還能省下在行事曆頁面點擊〔**新增約會**〕的時間。那麼，我們實際來做做看吧！

選取你要加入行事曆的郵件，按〔**Ctrl**〕**+**〔**C**〕（複製）。

圖 2-6 先選取郵件

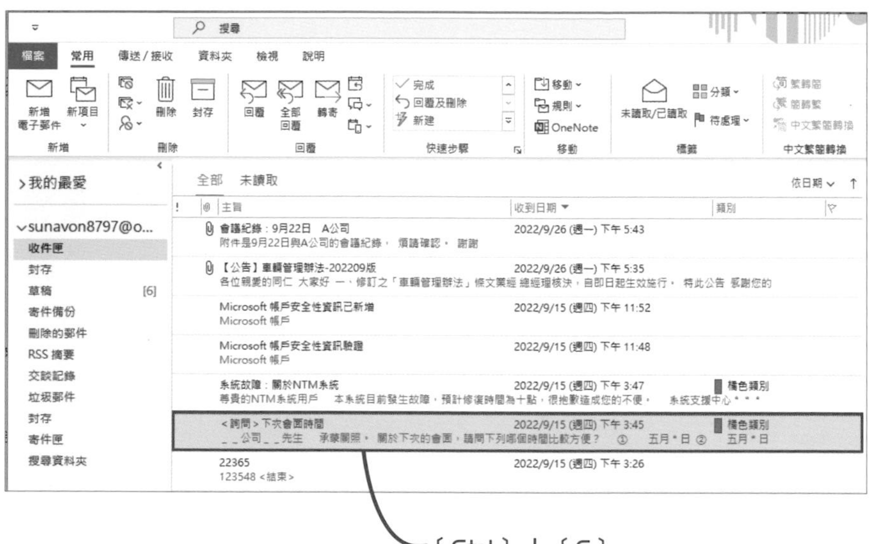

〔Ctrl〕＋〔C〕

圖 2-7 打開行事曆

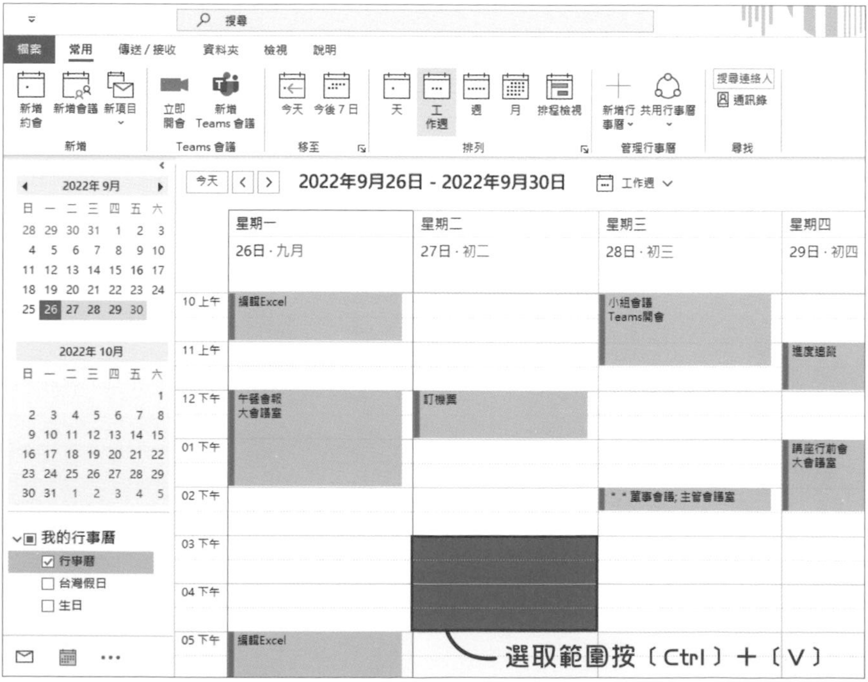

2022年9月26日 - 2022年9月30日

選取範圍按〔Ctrl〕＋〔V〕

打開行事曆頁面，選擇想要的時間範圍後按〔**Ctrl**〕+〔**V**〕（貼上）。

圖 2-8 郵件內容會自動帶出

畫面上會自動開啟含有郵件內容的約會視窗，請視需求輸入位置等資訊，最後按〔**Ctrl**〕+〔**S**〕（另存新檔）儲存。約會視窗可以按〔**Esc**〕關閉。

Case 4
不使用郵件讀取窗格

減少捲軸的使用，讓畫面最佳化

大家的 Outlook 畫面是什麼模樣呢？

儘管部分企業會對 Outlook 的版面配置加以規範，但一般來說，大部分應該都是像圖 2-9 這樣按照 P.25〈固定行事曆〉的說明，把行事曆固定畫面右邊：

圖 2-9　讓讀取窗格消失吧

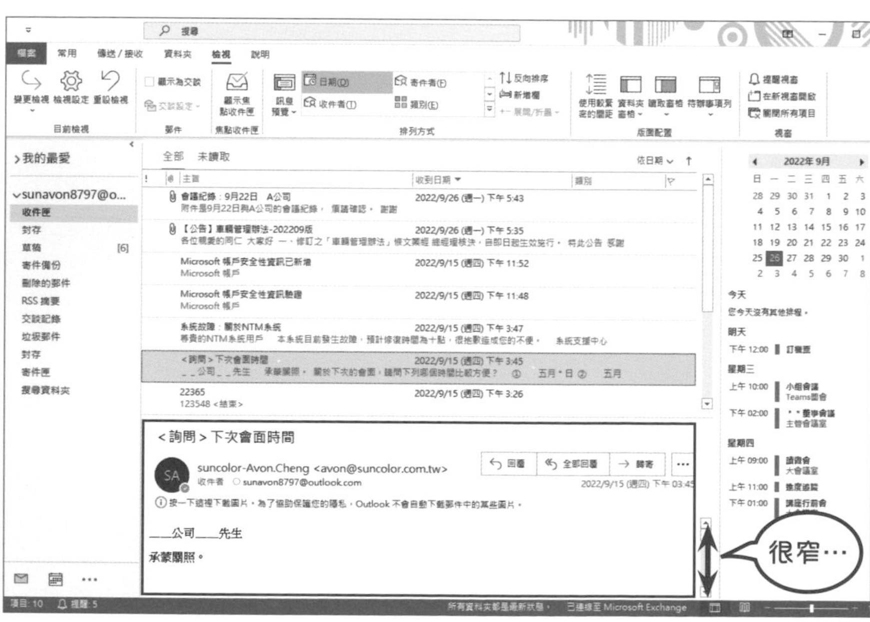

圖 2-9 顯示郵件本文的區域稱為「讀取窗格」。

讀取窗格會出現在郵件清單的下面或右邊，使用此工具可以直接瀏覽被選取的郵件內容。

然而，這裡也潛藏著拉長 Outlook 作業時間的三個原因：

1. 狹窄的顯示區域會增加滾動捲軸的次數，延長讀信的時間。
2. 一次可以閱讀的範圍太小，會很難抓到郵件的主旨，需要花更多時間判斷應處置方式。
3. 如果信件的內容很長，會需要另外雙擊滑鼠來開啟、關閉獨立視窗以便閱讀。

為了**消弭這些浪費、減輕讀信的負擔以及提高判斷處置的便利性，請關閉 Outlook 的讀取窗格**，做法如下：

圖 2-10 從〔檢視〕關閉讀取窗格

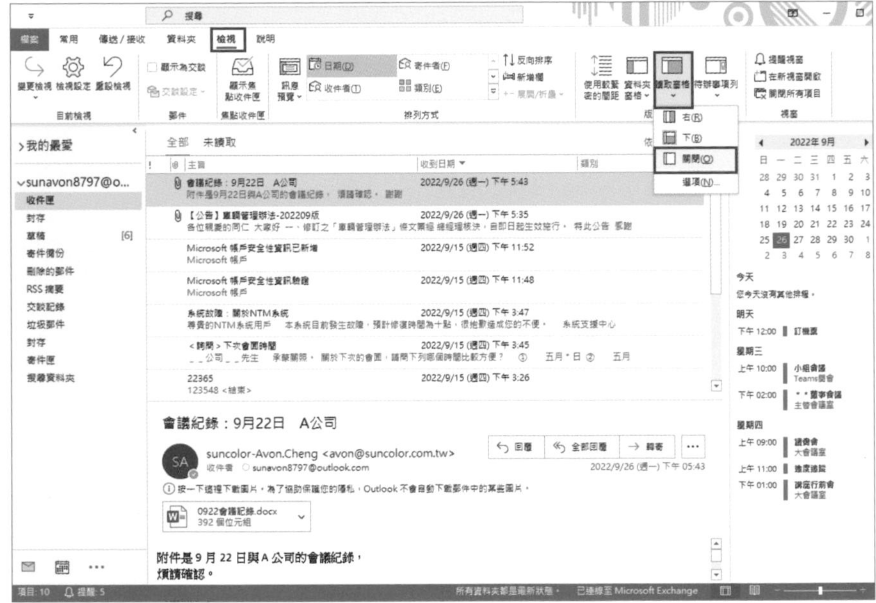

開啟〔**檢視**〕索引標籤，點擊〔**版面配置**〕群組中的〔**讀取窗格**〕，選擇〔**關閉**〕。

關閉讀取窗格以後，收件匣可以顯示更多郵件。如果想重新開啟讀取窗格，請在〔**檢視**〕索引標籤點擊〔**版面配置**〕群組中的〔**讀取窗格**〕，選擇〔右〕或〔下〕。

圖 2-11　顯示的郵件變多了

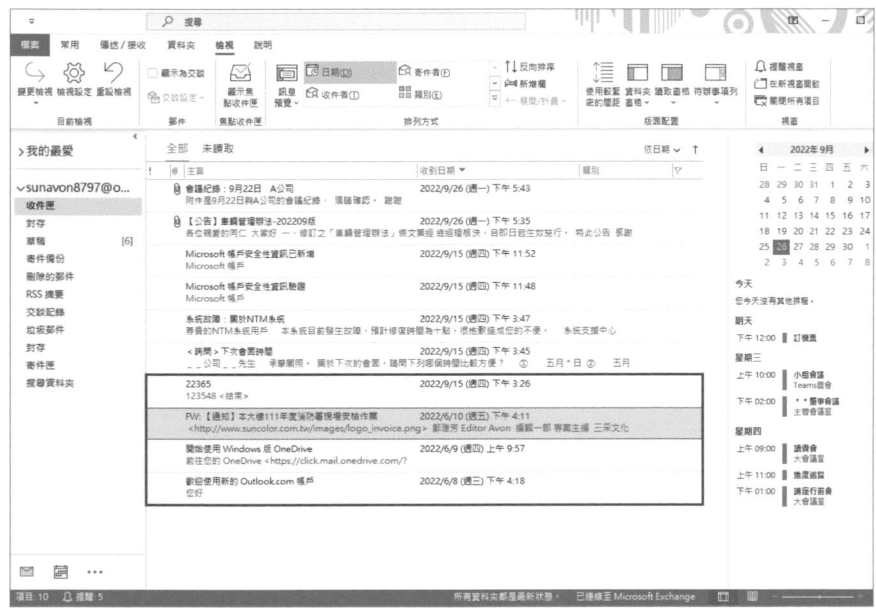

你可能會很納悶，少了讀取窗格，看不到郵件的本文不會很不方便嗎？其實並不會，只要按幾個鍵就可以有效率地閱讀郵件。

先用上、下方向進行選取，**按〔Enter〕開啟郵件視窗，看完再按〔Esc〕即可關閉**。這個方法可以用更大的畫面閱讀本文，因此不僅能讓滾動捲軸的次數大幅減少，還能輕輕鬆鬆關閉視窗，讓工作速度獲得飛躍性的提升，減少滑鼠使用次數。

Case 5 隱藏功能區

記住快速鍵，功能區就用不到了

無論是為了快速掌握郵件的全貌，還是減少閱讀時滾動視窗捲軸的次數，我們都希望可以讓 Outlook 的畫面盡量大一點，而隱藏功能區就具有放大畫面的效果。

功能區是指畫面上方顯示各種功能按鈕的區域，隱藏功能區可以騰出這些空間，分給郵件或行事曆，雖然高度只有三公分左右，但顯示的郵件數量和行數變多，會讓操作變得更加快速。

圖 2-12 把功能區也隱藏起來

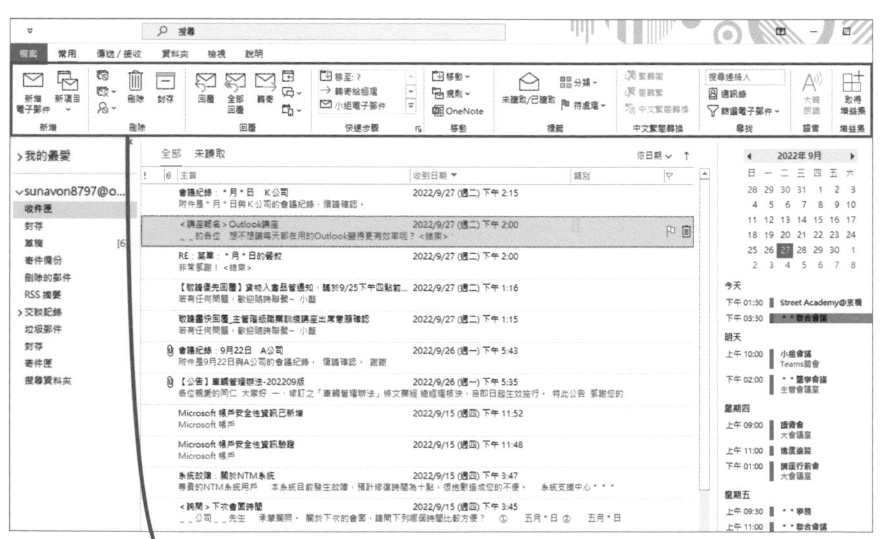

按〔Ctrl〕+〔F1〕隱藏

功能區的顯示和隱藏是以〔**Ctrl**〕＋〔**F1**〕進行切換。如圖 2-12 所示，請在功能區顯示的狀態下按〔**Ctrl**〕＋〔**F1**〕。

當上排功能區被隱藏起來之後，你應該會發現畫面上顯示的郵件多增加了二至三封。

圖 2-13 顯示的郵件數量變多了

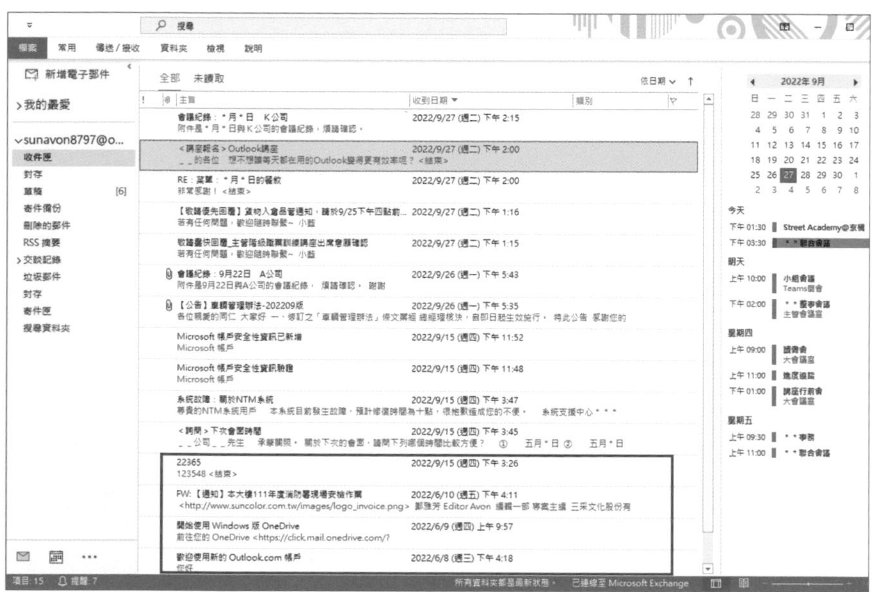

在這個狀態下再按一次〔**Ctrl**〕＋〔**F1**〕，可以重新打開功能區。

就算知道隱藏功能區可以讓畫面變大，也許有人會想問：「那我要按〔**回覆**〕的時候該怎麼辦？」或是覺得：「為了按個鍵特地打開功能區也太麻煩了吧！」

不過，請放心，Outlook 只需要大概十個快速鍵，就可以執行所有的主要功能。

而且和滑鼠相比，記住快速鍵不但可以大幅縮減作業時間，生產力也會有所提升，因此希望你可以把隱藏功能區當作學習快速鍵的目標；或是先隱藏功能區，並把使用上的不便當成記住快速鍵的動力。

下一章，我將介紹 Outlook 必備的快速鍵。

COLUMN 建議讓工作列垂直站好

工作列是顯示執行中的應用程式、網路連線這些代表電腦狀態的圖示以及日期等的帶狀區域，通常橫躺在螢幕的最下方。

有些人可能以為工作列的位置是固定的，但它其實可以移動到螢幕的左右兩側或是上面，而我個人特別推薦把工作列垂直放在畫面左邊。

我在本節請大家隱藏功能區增加畫面的可用面積，這時如果再把工作列立起來放，就可以增加畫面的高度，減少滾動捲軸的次數。

這個設定不只能在 Outlook 派上用場，請你回想自己以往用電腦的經驗，無論是用 Excel、Word 還是瀏覽網頁，一定都是垂直方向的捲軸比較多。把工作列垂直，多出來的空間可以讓你少滾動幾次捲軸，幾天就好，請你務必親自嘗試這麼做的效果，之後改回來時，你一定會覺得空間變小了，捲軸變長了。

在工作列的空白處點擊滑鼠右鍵，選擇〔工作列設定〕或〔內容〕，將「螢幕上的工作列位置」改成〔左〕或〔右〕，就可以讓工作列垂直站好。

第3章

往「脫滑鼠」之路邁進的十個基本快速鍵

Outlook 是最容易「脫滑鼠」的軟體

十個快速鍵，讓你跟滑鼠說再見

用滑鼠操作雖然直覺易懂，但一方面卻也很花時間，應該有很多人都憧憬著記住快速鍵可以只靠鍵盤操作電腦，讓工作處理起來更加迅速。然而實際環顧職場，真的只用鍵盤工作的人卻寥寥可數。

原因非常明顯，因為如果想達到「脫滑鼠」的程度，需要會用的快速鍵非常多。根據我的調查，如果只想用鍵盤操作 Excel 或 Word，至少必須記得一百五十個快速鍵。原本「脫滑鼠」的目的是為了節省時間，沒想到一開始卻要花更多時間記住按鍵，要是因為忘了哪個按鍵，中途翻書或上網找資料，明明是做一樣的工作，跟電腦搏鬥的時間卻比用滑鼠還要更久；而且相較於縮短工時這個優點，須花時間背快速鍵這個缺點反而是讓許多人放棄嘗試「脫滑鼠」的主因。

不過在 Outlook，**「脫滑鼠」所需的快速鍵只有屈指可數的十個**，把這些全背起來不需要花多少時間，如果不用滑鼠就能處理日常的郵件業務，工作速度一定會突飛猛進。

而且這些快速鍵有很多跟 Word、Excel 和 PowerPoint 等其他 Office 軟體是通用的，只要先攻戰 Outlook，讓其他程式「脫滑鼠」也將不再是癡人說夢。

首先，記住這十個快速鍵

讓 Outlook 高速化的基礎

本書在附錄提供了「快速鍵」的鍵盤對照表，在針對個別快速鍵進行說明之前，我想先介紹這張表的用法。

表的造型是一張鍵盤，按鍵上有打星號的是必須記住的十個快速鍵，而且部分按鍵有標示顏色，這些顏色代表要跟其他鍵一起按。

表中的〔**Ctrl**〕是藍色的，所以像〔**C**〕這些同樣也是藍色的鍵就是要和〔**Ctrl**〕一起按的組合鍵。本書會以「同時按住〔**Ctrl**〕和〔**C**〕」或「〔**Ctrl**〕＋〔**C**〕」來表示；同理，〔**Shift**〕是紅色，〔**Alt**〕是綠色，〔**Windows**〕則是黃色。

像〔**Enter**〕一樣的黑色按鍵可以單獨使用。

對照表除了十個快速鍵之外，還標示了常用或可以省時的按鍵，請你把它貼在電腦旁邊加以利用吧！

快速鍵要多用才能自然熟記，把已經記熟的按鍵逐一塗黑，還能實際看到學習進度，勉勵自己繼續努力。

Outlook 專用的起始位置

活用方向鍵+〔Enter〕

你應該有聽過或學過用鍵盤打字時的起始位置吧？那就是右手食指放〔J〕，左手食指放〔F〕，並將其他手指依序放在對應按鍵的位置。

除了這個以外，還有另一種可以讓 Outlook 的快速鍵用起來更方便的指法，也就是 Outlook 專用的起始位置。

這種起始位置的重點在於右手擺放的位置，右手放在上、下、左、右的方向鍵上，左鍵是食指，右鍵是無名指，上、下鍵用中指操作，而按〔Enter〕時要把中指伸長，按完後再回到原位；上鍵或下鍵都可以，請把你覺得比較舒適的一邊作為起始位置。

而在左手這邊，把拇指放在左邊的〔Alt〕會讓你在使用快速鍵上最快、最輕鬆。快速鍵經常會用到〔Ctrl〕和〔Shift〕，把拇指放在〔Alt〕之後，請你用比較方便移動的手指按〔Ctrl〕和〔Shift〕。

本書將以這樣的起始位置為基礎，說明 Outlook 的快速鍵指法。

Ctrl + R =回覆

〔R〕是英文的「Reply」

我們先從常用功能的按鍵開始記起吧！

回覆的快速鍵是〔Ctrl〕+〔R〕。

圖 3-1　回覆按〔R〕

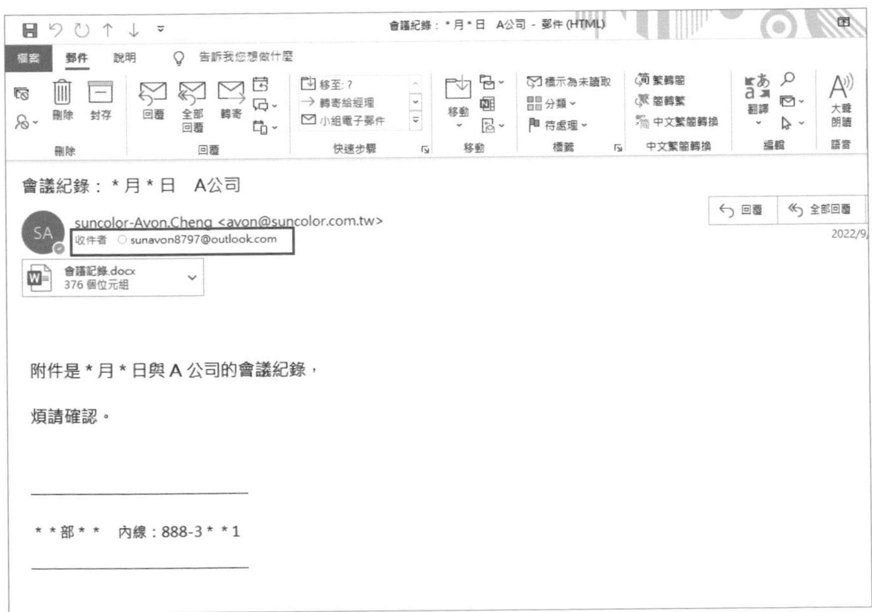

〔Ctrl〕＋〔R〕

圖 3-2 開啟回信視窗

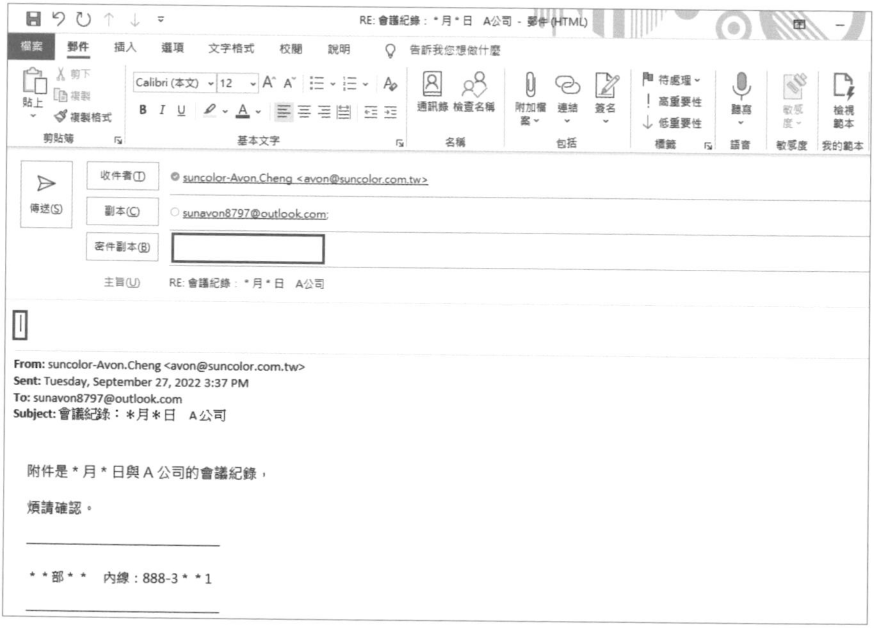

請用上、下按鍵來選擇要回覆的郵件之後再按這個快速鍵，就算郵件是打開的也沒關係。把手指放在 Outlook 的起始位置，左手小指按〔Ctrl〕，左手食指按〔R〕。

按下這個快速鍵，畫面上會跳出回信視窗，同時游標也會移動到本文的欄位，可以直接開始書寫回信。把〔Ctrl〕＋〔R〕還有游標的位置一起記起來，就不必再停下動作確認游標，讓回信變得更迅速。

請記得這裡用的〔R〕是英文「Reply」（回覆）的字首，雖然由來眾說紛紜，但把英文單字一起背起來也有助於記憶各種快速鍵。按〔Ctrl〕＋〔R〕是回覆寄件者，但如果再加上〔Shift〕，**變成〔Ctrl〕＋〔Shift〕＋〔R〕的話則是全部回覆。**請用左手無名指按〔Shift〕。

Tab or Shift + Tab ＝上 or 下一個欄位

把游標移到收件者欄位也可以用快速鍵

假設你已經打好本文，準備輸入收件者和副本，這時游標停在本文欄，你的手放在鍵盤上，一般的做法是把手從鍵盤移到滑鼠，並且用滑鼠點擊「收件者」或「副本」。

不過既然要以「脫滑鼠」為目標，這個動作我們也用鍵盤來做。

圖 3-3 不用滑鼠移動游標

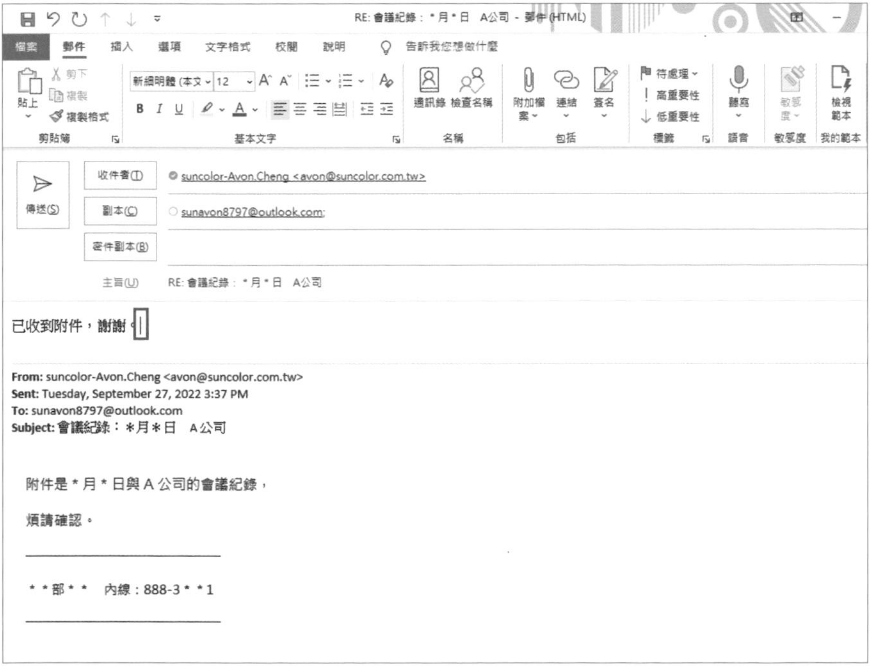

RE: 會議紀錄：＊月＊日　A公司 - 郵件 (HTML)

檔案　郵件　插入　選項　文字格式　校閱　說明　告訴我您想做什麼

收件者(T)　suncolor-Avon.Cheng <avon@suncolor.com.tw>

副本(C)　sunavon8797@outlook.com;

密件副本(B)

主旨(U)　RE: 會議紀錄：＊月＊日　A公司

已收到附件，謝謝。

From: suncolor-Avon.Cheng <avon@suncolor.com.tw>
Sent: Tuesday, September 27, 2022 3:37 PM
To: sunavon8797@outlook.com
Subject: 會議紀錄：＊月＊日　A公司

附件是＊月＊日與 A 公司的會議紀錄，

煩請確認。

＊＊部＊＊　內線：888-3＊＊1

〔Shift〕＋〔Tab〕

圖 3-4 靠「脫滑鼠」加快速度

當游標停在本文欄時，請按住〔Shift〕再按〔Tab〕，按一次游標會移動到「主旨」欄，再按一次則會再往上跳一欄，像這樣用〔Shift〕＋〔Tab〕**逐欄往上移動，就可以迅速讓游標移到「收件者」欄**。這個快速鍵可以省略把手從鍵盤換到滑鼠，點選「收件者」之後再回到鍵盤的過程，讓工作速度大幅提升。按〔Shift〕＋〔Tab〕會讓游標往上移動，而如果是從「收件者」跳到本文這種**往下的移動，就只要單按〔Tab〕即可**，一樣也是按一次跳一欄。

Esc =關閉／停止／清除

登場機會最多的〔Esc〕鍵

在為數眾多的快速鍵當中，登場機會最多的就屬〔Esc〕。按〔Enter〕可以開啟郵件，但如果要為了關掉它而用滑鼠點擊右上角的〔×〕，會讓好不容易學會的鍵盤操作效果大打折扣。

打開的郵件只要按〔Esc〕就可以立刻關閉。

圖 3-5 不點擊〔×〕

〔Esc〕

⬇

圖 3-6 視窗瞬間消失

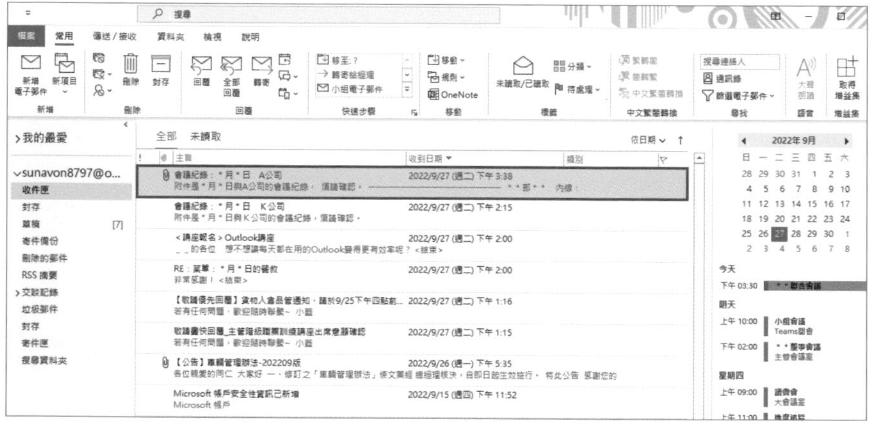

〔Esc〕的用途非常廣泛，以搜尋郵件為例，結束後不要用滑鼠點擊〔×〕，只要按一下〔Esc〕就可以返回原來的畫面；要是不小心按到〔Windows〕（印有Windows標誌的按鈕）開啟「開始」功能表，也可以按〔Esc〕把它關掉。

除此之外，〔Esc〕還可以在想關掉「要儲存您的變更？」等確認視窗，或清除正在輸入的文字時派上用場。

Ctrl + F =轉寄

〔F〕是英文的「Forward」

轉寄郵件的操作是〔Ctrl〕+〔F〕。先用方向鍵在收件匣中選擇想要的郵件，接著按〔Ctrl〕+〔F〕開啟轉寄郵件的視窗；這個快速鍵也可以在郵件已經打開的狀態下使用。

圖 3-7　轉寄按〔F〕

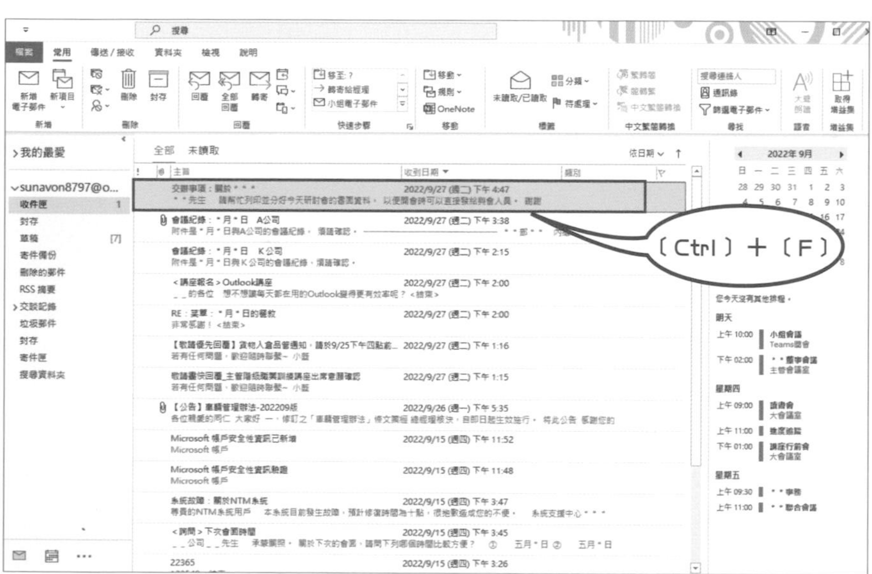

〔Ctrl〕+〔F〕

⬇

圖 3-8 一秒開啟轉寄視窗

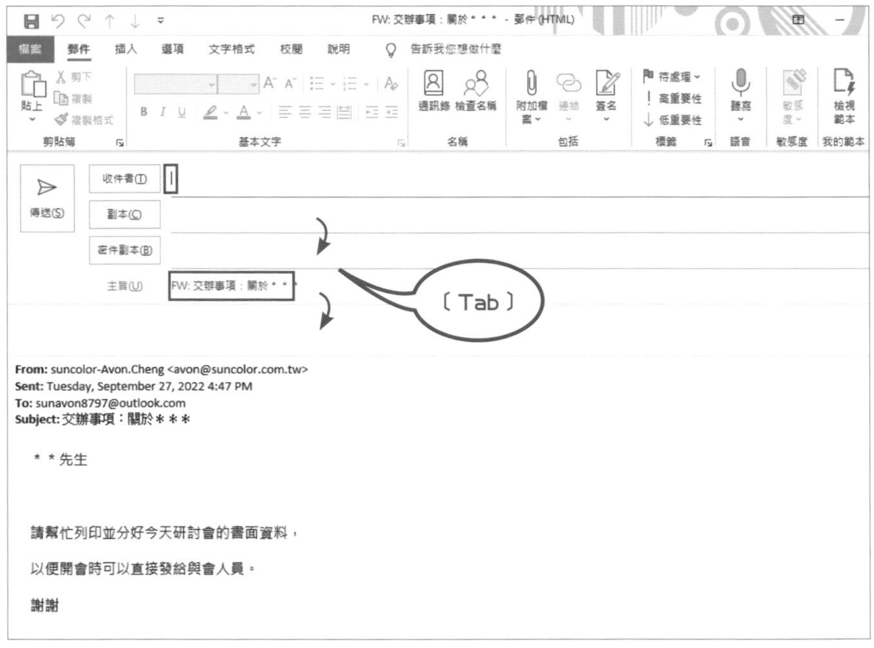

在轉寄郵件的視窗裡，游標會出現在「收件者」欄。用〔Ctrl〕+〔R〕回覆郵件時，游標的位置在本文欄（參考 P.44），這是因為回信的收件者已經由系統自動帶入；反之，轉寄的收件者尚不明確，所以游標才會出現在「收件者」的地方。

轉寄郵件請從游標所在的「收件者」欄開始輸入，輸入完後多按幾次〔Tab〕鍵移動到本文欄，接著輸入本文、按下傳送才是快速完成轉寄的訣竅。這裡使用的〔F〕是英文「Forward」（轉交）的字首；和回覆一樣，出現在轉寄郵件主旨的「FW：」也是來自這個英文單字。

Ctrl + < or > ＝上 or 下一封郵件

用方向鍵讓閱讀郵件更有效率

我在第二章說過，關閉讀取窗格會讓效率變好，但應該有不少人因為可以只靠選取來瀏覽郵件內容，所以捨不得把它關掉吧！

因此，我要介紹一個不用讀取窗格也能迅速展開每一封郵件的快速鍵。

圖 3-9　瀏覽郵件動作要俐落

首先，請選擇任何一封郵件作為起點。我在圖 3-9 中選擇「＜詢問＞下次會面時間」，請你同時留意下一封是「結果報告：關於＊＊＊」。

按〔Enter〕開啟選取的郵件。

圖 3-10 按〔Enter〕開啟郵件

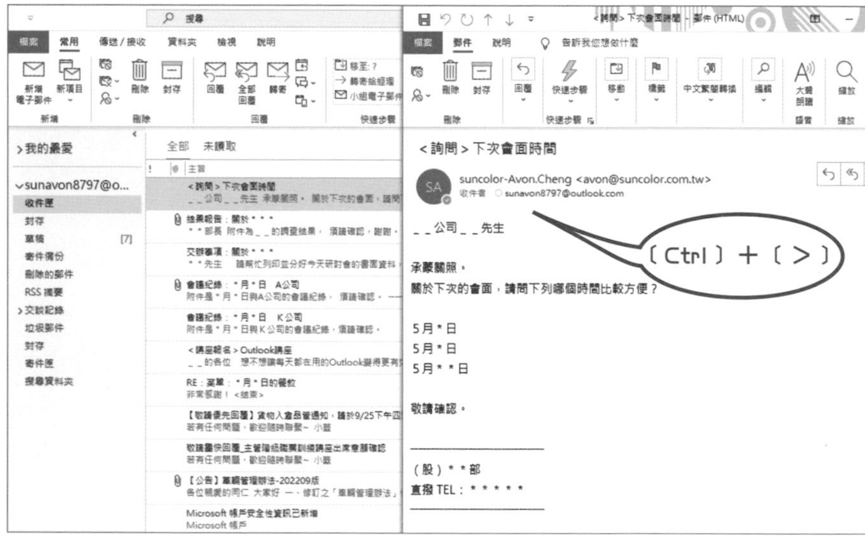

讀完之後按〔Ctrl〕+〔>〕。

圖 3-11 進到下一封郵件了

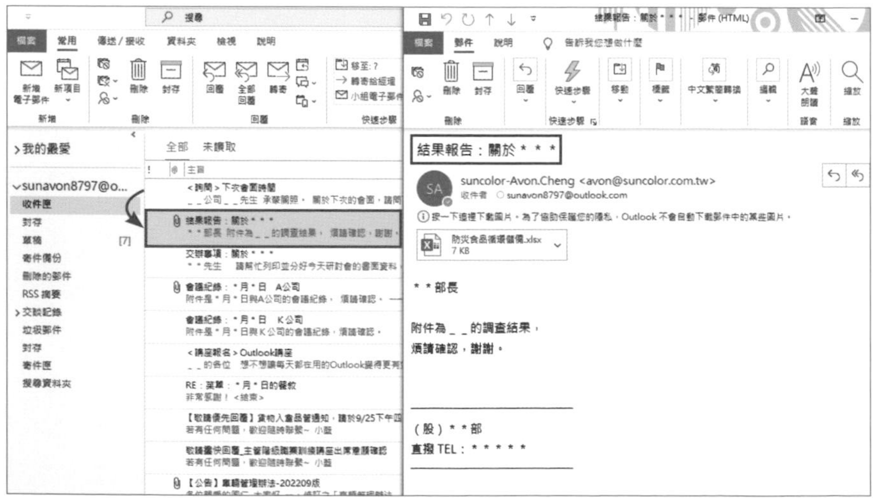

這個快速鍵會在關閉郵件的同時開啟後（下）一封郵件，圖 3-11 開啟的是「結果報告：關於＊＊＊」，讀完後再按一次〔Ctrl〕＋〔>〕，依此類推便能循序漸進地瀏覽郵件。

想要前往前（上）一封郵件時則按〔Ctrl〕＋〔<〕。在開啟「＜詢問＞下次會面時間」的狀態下按〔Ctrl〕＋〔<〕，會打開「交辦事項：關於＊＊＊」。

像這樣利用〔Ctrl〕＋〔>〕和〔Ctrl〕＋〔<〕，就能用比讀取窗格更有效率的方式及更大的視窗閱讀郵件。

如果讀完後想要馬上回信的話，請在郵件打開的狀態下按〔Ctrl〕＋〔R〕或〔Ctrl〕＋〔Shift〕＋〔R〕，轉寄則按〔Ctrl〕＋〔F〕，這樣比用滑鼠點選郵件，再點擊「回覆」按鈕的讀取窗格還要精簡許多，有助於縮短工時。

Ctrl + N =開啟新項目

〔N〕是英文的「New item」

〔Ctrl〕+〔N〕**是用來開啟新項目（New item）的快速鍵**，在郵件頁面按下這個快速鍵，會像圖 3-12 一樣跳出新增電子郵件的視窗，在行事曆頁面則會跳出新增約會的視窗。

圖 3-12 從郵件頁面新增

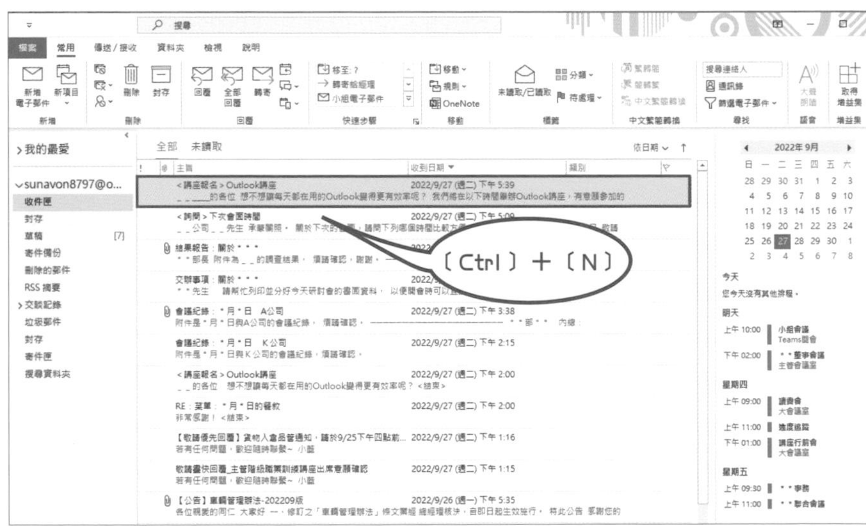

〔Ctrl〕+〔N〕

⬇

圖 3-13 開啟新郵件

〔Ctrl〕+〔N〕是開啟新項目（New item）的快速鍵，雖然也可以單純當成「New」的字首來背，但如果也能將「『New item』會配合當下的情況開啟新視窗」植入腦中，用途就會變得更加廣泛。Excel、Word 和 PowerPoint 等應用程式也都可以使用這個快速鍵開新檔案。

Ctrl + Enter ＝傳送郵件

傳送郵件也可以用〔Alt〕+〔S〕

寫完信之後，一般都會用滑鼠點擊〔傳送〕按鈕寄出，但這邊我們也用鍵盤來操作吧！**按下〔Ctrl〕+〔Enter〕，郵件會移動到寄件匣**。請把手放在 Outlook 的起始位置，用左手小指按〔Ctrl〕，右手中指按〔Enter〕。

圖 3-14 傳送郵件

RE：<講座報名>Outlook講座 - 郵件（HTML）

檔案　郵件　插入　選項　文字格式　校閱　說明　告訴我您想做什麼

我們目前無法顯示寄件提醒。

傳送(S)

收件者(T)　arata_mori@outlook.jp

副本(C)　arata_mori

密件副本(B)

主旨(U)　RE：<講座報名>Outlook講座 - 郵件（HTML）

我要參加，謝謝。

森

Subject: <講座報名>Outlook 講座

＿＿＿＿的各位

想不想讓每天都在用的 Outlook 變得更有效率呢？

我們將在以下時間舉辦 Outlook 講座，有意願參加的人請回信告知。

- ○月○日　16：00～2h
- 10F　大會議室
- 費用　免費
- 電腦　請自備

＊＊部 ＿＿＿＿＿＿＿＿

〔Ctrl〕+〔Enter〕

⬇

圖 3-15 直接寄出請按〔Enter〕

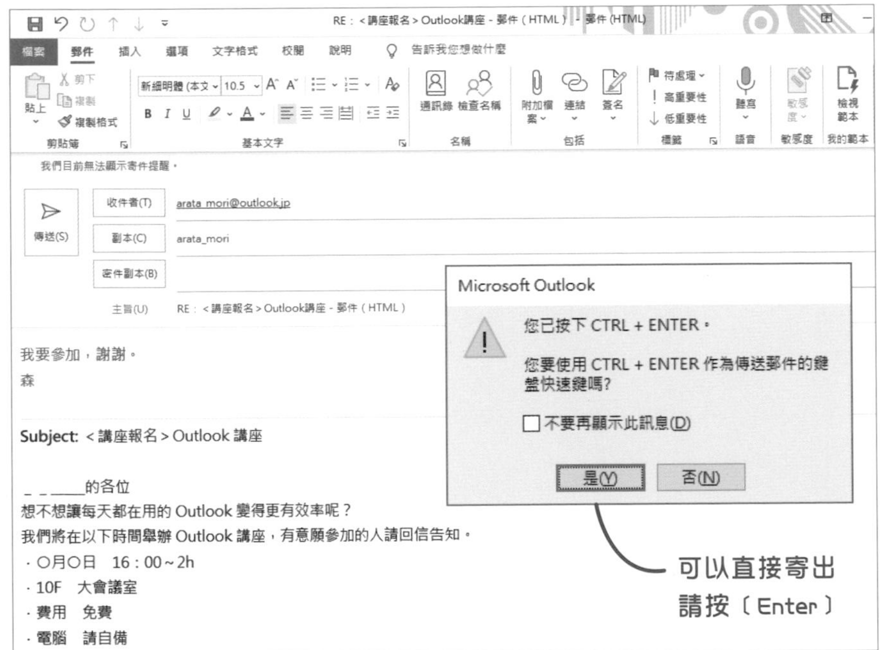

第一次用這個快速鍵時，畫面上會跳出確認視窗：「您要使用 Ctrl ＋ Enter 作為傳送郵件的鍵盤快速鍵嗎？」如果不需要提醒，請勾選「不要再顯示此訊息」並按下〔Y〕，以後就不會再出現了；而如果想要每次重新確認，請直接按〔Enter〕即可。

〔Ctrl〕+〔Enter〕同前述，會把郵件送入寄件匣，並於設定的時間傳送出去。如果開啟「連線時立即傳送」的功能，郵件會在進到寄件匣後馬上寄出；如果有指定間隔多久自動傳送／接收，則要等時間到了才會寄出；而若是套用郵件在移到寄件匣後，還需要手動傳送的規則，按〔F9〕就可以不用滑鼠直接寄信。

「連線時立即傳送」的設定可以按照下列步驟進行確認：

1. 開啟〔**檔案**〕索引標籤，選擇〔**選項**〕。

2. 選擇左邊欄位的〔**進階**〕。

3. 從右邊欄位的「傳送和接收」確認是否有開啟〔連線時立即傳送〕功能。

此外，傳送郵件也可以用〔**Alt**〕＋〔**S**〕來執行；但基於以下兩個原因，我個人推薦用〔**Ctrl**〕＋〔**Enter**〕寄信：

1. 我想應該有很多人使用 Gmail 作為私人信箱，〔**Ctrl**〕＋〔**Enter**〕也適用 Gmail。

2. 大多數鍵盤的〔Enter〕鍵都比〔**S**〕鍵更大更好按。

COLUMN

建議以公司權限禁用讀取窗格

我們在 P.32 的〈Case 4：不使用郵件讀取窗格〉聊過，關閉讀取窗格有助於生產力的提升，我想應該已經有讀者一邊看書一邊實踐，並親身感受這樣做所帶來的效果。

關閉讀取窗格的設定可以由每位使用者自行操作，也可以從公司的 MIS 部門統一管理（因系統運用方式而異）；換言之，MIS 部門能關閉公司所有員工的 Outlook 讀取窗格。

有些企業實際採用這種做法，他們禁用讀取窗格，並將〔檢視〕索引標籤下的〔讀取窗格〕按鈕鎖起來不讓人點擊，這麼做的結果雖然讓很多人在一開始相當困擾，但在他們逐漸熟悉用方向鍵選取郵件、按〔Enter〕打開、按〔Ctrl〕＋〔＞〕進入下一封等一系列的操作之後，實際感受到工時縮短的人就越來越多了。

禁用讀取窗格也許是讓整間公司的 Outlook 力向上提升的第一步也說不定。你要不要也向 MIS 部門提議看看呢？

Ctrl + E =搜尋郵件

提高搜尋效率的方法

想找出特定郵件再讀一次的時候會用到搜尋郵件的功能，**啟動此功能的快速鍵是〔Ctrl〕+〔E〕**。在原始設定下，如果在收件匣按下這個快速鍵，可以搜尋被存放在收件匣以及其下資料夾的所有郵件。

按下〔Ctrl〕+〔E〕之後，游標會移動到搜尋方塊，上方的功能區還會顯示〔**搜尋工具**〕的索引標籤，可以從這裡指定搜尋條件。在搜尋方塊輸入寄件者、主旨等關鍵字，系統會在你輸入的同時開始搜尋，並且將搜尋結果中的關鍵字用醒目的顏色提示。

〔Ctrl〕+〔E〕

圖 3-16 搜尋郵件

但實際上，單獨一個關鍵字可能會出現太多的搜尋結果，因此我建議像圖 3-17 一樣，使用多個關鍵字來縮小搜尋範圍。用空格隔開每個關鍵字，可以得到包含所有關鍵字的搜尋結果，而且空格並沒有全形、半形之分。

圖 3-17 使用關鍵字縮小搜尋範圍

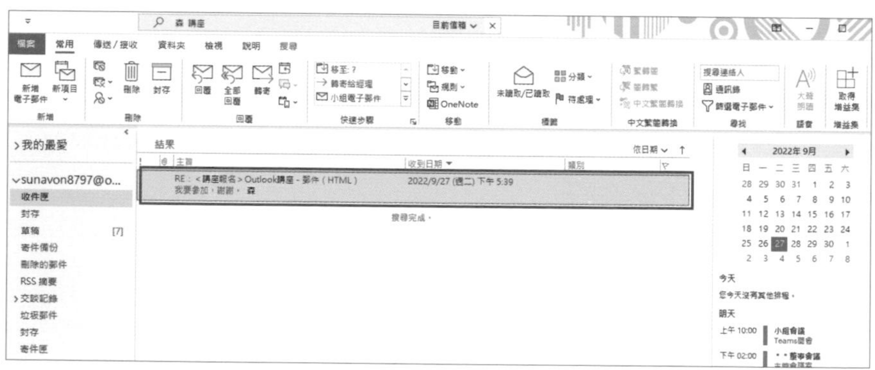

請多按幾次〔Ctrl〕+〔Tab〕讓選取框移動到搜尋結果的清單，再用上下鍵選擇你要的郵件。按〔Esc〕可以結束搜尋。

除了〔Ctrl〕+〔E〕以外，按〔F3〕也可以開啟搜尋功能，請用你自己覺得比較好記的一種即可。

話說回來，Excel 和 Word 的搜尋快速鍵是〔Ctrl〕+〔F〕，應該有人是用「Find（尋找）的〔F〕」來記的吧！但是在 Outlook，〔Ctrl〕+〔F〕被作為轉寄（Forward）的快速鍵，所以不是〔F〕，而是用〔E〕，請記得〔E〕是「Explorer」的字首。

Ctrl + Shift + < or >
＝縮小 or 放大字型

Word 和 PowerPoint 也能用的快速鍵

想調整郵件的字型大小時，請不要用滑鼠點擊字型按鈕，而是按〔**Ctrl**〕+〔**Shift**〕+〔**<**〕**或**〔**>**〕。縮放文字的快速鍵除了 Outlook 以外，也適用於 Word、PowerPoint 等應用程式，只要記住就可以為各種工作縮短時間。

圖 3-18 想調整字型大小時……

傳送(S)
收件者(T) arata_mori@outlook.jp
副本(C) arata_mori
密件副本(B)
主旨(U) RE：<講座報名>Outlook講座 - 郵件（HTML）

我要參加，謝謝。

Subject: <講座報名>Outlook 講座

＿＿＿的各位

想不想讓每天都在用的 Outlook 變得更有效率呢？

〔Ctrl〕+〔Shift〕+〔>〕

⬇

圖 3-19 文字變大了

傳送(S)
收件者(T) arata_mori@outlook.jp
副本(C) arata_mori
密件副本(B)
主旨(U) RE：<講座報名>Outlook講座 - 郵件（HTML）

我要參加，謝謝。

Subject: <講座報名>Outlook 講座

＿＿＿的各位

想不想讓每天都在用的 Outlook 變得更有效率呢？

調整字型大小時，首先要選取欲調整的文字，這個部分也請你用鍵盤來操作吧！請用方向鍵把游標移動到文字左邊，同時按住〔**Shift**〕和方**向鍵**〔**→**〕選取文字；要是不小心選過頭了，按住〔**Shift**〕和〔**←**〕可以縮小選取的範圍。

在選取文字的狀態下調整字型，放大按〔**Ctrl**〕**＋**〔**Shift**〕**＋**〔**>**〕，縮小按〔**Ctrl**〕**＋**〔**Shift**〕**＋**〔**<**〕，每按一次會放大或縮小一個 point（縮寫為 pt，可在〔常用〕索引標籤的〔字型〕欄選擇的尺寸）。

類似的快速鍵還有〔**Ctrl**〕**＋**〔**」**〕（或〔**「**〕），用法和〔**Ctrl**〕**＋**〔**Shift**〕**＋**〔**>**〕一樣，在選取文字後按〔**Ctrl**〕**＋**〔**」**〕可以逐 pt 放大，按〔**Ctrl**〕**＋**〔**「**〕可以逐 pt 縮小。

調整字型只能在 HTML 或 RTF 文字的格式下進行，純文字格式則無法使用此功能，還請特別留意。

如果想知道郵件使用的是哪種格式，只要建立新郵件並打開〔**文字格式**〕索引標籤，確認在〔**格式**〕群組中選取的是〔**HTML**〕、〔**純文字**〕還是〔**RTF 文字**〕即可。

Ctrl + 1 or 2 ＝切換郵件 行事曆頁面

郵件和行事曆也用鍵盤來切換

我在 P.25 曾說盡量不要在郵件和行事曆的頁面之間進行切換，但也不可能真的完全不換。

需要切換這兩種頁面時，請按住〔Ctrl〕和數字鍵的〔1〕或〔2〕，這樣就可以用比滑鼠點擊還要更快的速度完成切換。

圖 3-20 想切換到行事曆時……

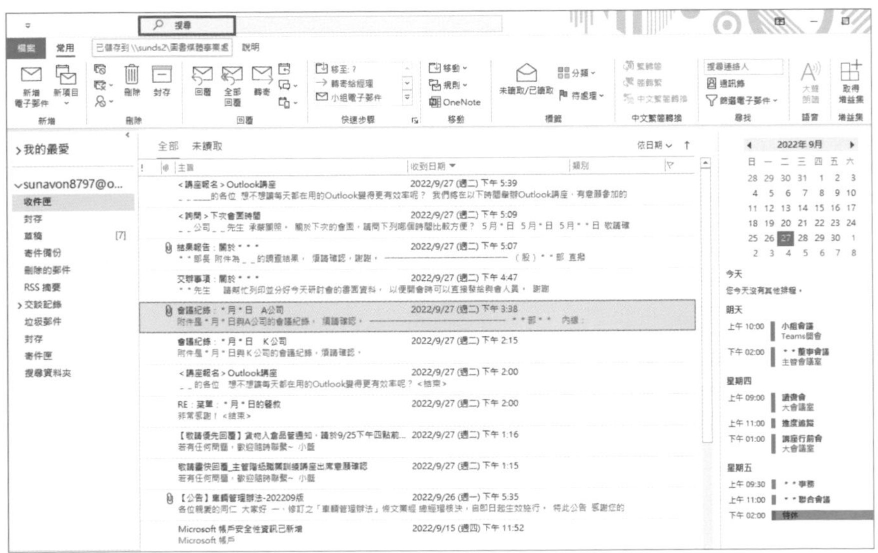

〔Ctrl〕+〔2〕

圖 3-21 記住導覽列

郵件按〔1〕，行事曆按〔2〕

數字鍵是根據郵件和行事曆圖示的位置而定。在 Outlook 的畫面左邊有一個「資料夾窗格」。

這個區域在郵件頁面會顯示收件匣、寄件匣等各式資料夾，在行事曆頁面會顯示日曆；而郵件和行事曆的圖示就排列在資料夾窗格的下方，這個部分則稱為「導覽列」。

位於導覽列最左邊的是郵件圖示，因為是從左邊數來的第一個，所以使用數字鍵〔1〕；行事曆從左邊數來排行第二，所以使用數字鍵〔2〕。

同理，要顯示排行第三的聯絡人可以按〔**Ctrl**〕＋〔**3**〕，排行第四的工作清單可以按〔**Ctrl**〕＋〔**4**〕。

有時導覽列的圖示會因為顯示方式的不同變成縱向排列，這時則會依照由上而下的順序，分別對應〔**1**〕、〔**2**〕等數字鍵。

COLUMN 快速鍵怎麼記（Alt 篇）

本專欄將針對使用〔Alt〕的快速鍵進行說明，使用〔Shift〕的快速鍵請參考 P.87。

〔Alt〕的特長，一言以蔽之就是：

「擅長代替按鈕。」

據說「Alt」是「Alternative」的縮寫，這個字的中文意思是「替代方案」。在進行各種操作時，應該可以在設定畫面之類的地方看到像「選項（T）」這樣的按鈕。如果英文字母下面有畫底線，代表同時按住〔Alt〕和該字母（在此例中為〔T〕）會得到跟點擊按鈕一樣的效果（在此例中等於用滑鼠點擊〔選項〕）。

〔Alt〕也能用在沒有底線的地方。瀏覽器的上方有〔←〕（上一頁）和〔→〕（下一頁）兩個按鈕，如果按鈕長得很像鍵盤按鍵的話，就代表他們也可以搭配〔Alt〕使用，來達到跟點擊滑鼠相同的目的；以這裡舉出的例子來說，按住〔Alt〕＋〔←〕可以回到上一頁。

另外，用 Excel 設定篩選條件時，出現在第一行的〔▼〕等按鈕通常也可以用〔Alt〕＋〔↓〕代替。

而且要是在 Outlook、Excel、Word 或 PowerPoint 按下〔Alt〕，還會顯示開啟〔常用〕等索引標籤以及各個按鈕的對應按鍵。當你忘記某個快速鍵的時候就按一下〔Alt〕，雖然可能會讓步驟變多，但這樣就可以在只靠鍵盤的情況下完成操作。

請你試著在各種不同的視窗或情境下按按看〔Alt〕。

第 4 章

讓工作速度變快的電子郵件整理術

為什麼要分資料夾？

鍛鍊 Outlook 力，就不用再分資料夾了

應該有很多人會用「分資料夾」的方式來整理郵件，實際上，大約有六成左右的電子郵件使用者會這麼做。

為什麼要把郵件按資料夾分門別類呢？

分資料夾的目的大多都是為了日後找起來方便；但若要討論這是否真的是一種既方便又有效率的好方法，答案是否定的。理由有三：

1. 如果把信箱設定成郵件自動分類，每次看信都必須先打開資料夾，反而會變得更麻煩。
2. 把衣服、鞋子等日常用品分別收進不同的櫃子，之後會比較快找到想要的東西，但收進資料夾的郵件，以後會用到的只有其中一小部分，為了這些分類所有郵件，反而浪費更多時間。
3. 一定會有一些無法分類的郵件，反而讓工作變得更複雜。

請讓我針對第三點進一步地詳細說明，這被稱作「蝙蝠難題」。

假設你用「鳥類」和「走獸」兩個資料夾分類郵件。這時，你收到了蝙蝠寄來的信，請問你會把這封信分到「鳥類」資料夾還是「走獸」資料夾呢？

蝙蝠屬於哺乳類，所以應該算是走獸；可是牠有翅膀，還可以飛，所以又像是鳥類，感覺不管分到哪邊都說得通。有的人因為無法決定，乾脆把信留在收件匣內；也有人會把信複製之後，在兩個資料夾各存一封。無論如何，這種情況不但需要花時間思考，還只能用不清不楚的邏輯歸納郵件。

就像蝙蝠寄來的信一樣，信箱裡一定會有無法歸類的郵件；換句話說，**用資料夾整理郵件非但不是萬能，反而會成為未經整理的郵件被剩下來的原因。**

只要善用 Outlook 的內建功能，就算不分資料夾也可以將郵件妥善歸納，迅速找到需要的郵件。本章將介紹這個方法。

COLUMN 會用電腦和會搭車的能力成正比？

在一場又一場的快速鍵講座當中，我發現有些人會自動自發地學習改進，有些人則不然。「漫無目的學習的人」和「充滿學習意欲的人」，他們之間的差別是什麼呢？

正當我思考這個問題時，某天，我遇到了一個機會回顧自己的時間分配，並且發現自己傾向盡可能把時間花在興趣或喜歡的事物上，而這種傾向的集合體決定了我的工作方式。

因此我認為，調查一個人如何利用在一天當中受到最多限制的早晨時光，可以知道對方是否在意自己的工作方式。在每一場講座我都會問一個問題：「請問：搭電車通勤上班時，你會事先決定好要搭哪一節車廂嗎？」

根據調查結果，回答不會的人大約占了三成左右。雖然也許只是偶然，但他們都有一個共通點，那就是學會的快速鍵比較少。

我想表達的並不是沒有事先決定好車廂的人就不在乎工作方式，而是電腦技能是職場上一個需要反覆訓練的能力，必須要有目的地（達成後的模樣及目標）才能夠認真地投入練習。不要只是漫無目的地搭乘電車或學習快速鍵，描繪一個明確的目標，或許會讓你擁有更多的進步空間。

破壞「搜尋／整理」的結構，讓搜尋兼整理

「分類搜尋」和「關鍵字搜尋」，你會用哪一種?

不分資料夾整理郵件的方法非常簡單，只要把所有郵件統統放進同一個資料夾，讓它們變得可以搜尋就行了。

圖 4-1　你會用哪一種來蒐集資料？

VS

圖 4-1 是雅虎的分類搜尋（已於 2018 年結束服務）以及 Google 的關鍵字搜尋畫面，你會用哪一種來上網查資料呢？

大部分的人應該都是用關鍵字搜尋吧？因為這種方法只需要知道所需資訊的關鍵字，既簡單又省時；而**郵件也一樣，不要用容易發生「蝙蝠難題」的資料夾分類法，而是把郵件集中在一個資料夾內，找起來更方便，必要時利用關鍵字進行搜尋，這才是最快速的電子郵件整理術。**

從下一節開始，我將說明把郵件保存在同一個資料夾裡，利用搜尋功能快速叫出所需郵件的方法。

COLUMN 小學就在拆電腦

「你為什麼選擇理科？」每當有人這麼問我時，我的回答都是：「因為我在小學四年級時，曾經把電腦拆開來再組回去。」

在我念小四那年，隨著 Windows 95 的問世，日本掀起了一股電腦熱潮，我的父親當時也跟風用獎金買了電腦的其中一人。

當時我們家禁止打電動或看漫畫，要說有什麼娛樂的話，那就是在家門前的小河捕蝦，並從餐桌上獲得父母的稱讚了。在這樣的我面前，出現了一個可以上網、打電動、看影片、收發電子郵件，帶來巨大衝擊的箱子（電腦）。我看著這個箱子，對它的內部結構充滿好奇，於是將裡面的零件一一拆解，熱心研究每個零件的功能和構造。

到這裡為止都沒什麼問題，可是既然拆開來了，就得想辦法再把它組裝回去。我請父親幫我買了《一讀就懂電腦解體新書》（大島篤著，軟銀創造出版），以自學的方式累積知識，成功把拆開來的箱子恢復原狀。

不僅如此，我還發現：只要再花幾萬元，就可以讓電腦變得更厲害。於是我和父親商量，告訴他：「我會把電腦的效能變成兩倍，能不能再多給我幾萬塊？」父親答應了。拜此所賜，我成功完成挑戰，靠自己組裝了一台電腦。因為這次的經驗，我開始夢想成為第二個比爾．蓋茲。

如果用文科、理科來分，我現在正在做的工作屬於文科，但是多虧父親當時給我的機會，我才能學習理科的知識，研究怎麼操作 Outlook，精通各種快速鍵，並且把自己的知識分享給更多人。這本書的出版也是受到當時的影響，我真的非常感謝我的父親。

收件匣只留下待處理的郵件

把收件匣當成家門口的信箱

有些人也許會想：「如果要為了方便搜尋，把郵件存在同一個資料夾，那直接將信件留在收件匣不就好了嗎？」實際上，也有人將數千封電子郵件放置在收件匣內。

但是我並不推薦這種做法，因為如果用一般的實體郵件來比喻，收件匣就相當於自家門口的信箱，請你回想一下自己收到賀年卡時的情況，沒有人會把看完的賀年卡再放回信箱，應該會把它們收進抽屜，或裝進專用的收納夾吧！

「因為忘了寄賀年卡給某個人，所以打算之後再補寄冬季問候卡。」如果是這種情況，也許會把收到的賀年卡就近放在手邊；總而言之，一般都會放在信箱以外的地方。

電子郵件也是一樣的道理。把讀完或已經回覆的郵件收到其他地方，這樣收件匣就只會剩下還沒處理的郵件。

這麼一來，收件匣會兼具代辦事項清單的功能，只要看收件匣就可以知道接下來要做什麼事 。

郵件不整理，用封存的最快

「不刪」最快

我在前面說過，不要把收到的郵件擱置在收件匣內，可是既不能分資料夾，又不能留在收件匣，那到底要把它們收在哪裡才好呢？

為了讓這些信以可以被搜尋的型態保存下來，請你建立一個資料夾，把讀過和處理完的郵件收進裡面，本書將這個資料夾命名為「封存」。

「封存」的英文是「Archive」，意思是資料庫，或者是把好幾個檔案統整在一起。不過我們在 Outlook 要準備的封存資料夾並不具備任何特殊功能，只要建立一個普通的資料夾就可以了。

接著，在你決定把所有讀過的郵件封存以後，你應該會產生這樣的疑問：「用不到的郵件也要存下來嗎？」「什麼時候要刪除郵件呢？」答案很簡單，那就是「不刪」。

每次刪除前都必須先判斷能不能刪，這些時間讓我覺得非常可惜，**如果事先決定好要把郵件移動到封存資料夾，就可以不假思索地繼續作業**。至於那些你根本不會看，卻又不停寄來的廣告信，請不要用刪的，直接要求系統停止寄送吧！

只有一個例外，那就是當你的信箱容量很小時，為了不讓信箱爆掉，請刪除用不到卻很吃空間的郵件。如果想知道信箱的剩餘容量，請打開〔**檔案**〕索引標籤，選擇左邊的〔**資訊**〕，點開〔信箱設定〕或〔清理信箱〕就看得到了。

5 自訂你的 Outlook

簡單三個步驟讓 Outlook 進化成最速型態

綜上所述，善用封存資料夾就不需要思考郵件分類，可以迅速把信箱整理乾淨，而且為了日後馬上找到想要的郵件，設定簡化搜尋條件的方法，還可以省下點開資料夾後，靠目視搜尋的功夫。

為了達到這個目的，我們要準備以下三件事：

1. 建立封存資料夾。
2. 設定把郵件收進封存資料夾的快速步驟。
3. 新增搜尋條件的欄位。

Step 1　建立封存資料夾

讓我們逐項來實際操作一次。首先要做的第一件事是建立封存資料夾，請按〔**Ctrl**〕+〔**Shift**〕+〔**E**〕建立新資料夾；如果是因為公司政策或軟體版本，信箱裡本來就有內建封存資料夾，請從 Step 2 開始操作。

請在「名稱」欄輸入「封存」；如果信箱裡面已經有好幾個資料夾，請在開頭打上任何一個半形符號，例如「*封存」，這樣資料夾就會排在收件匣的正下方了。資料夾會根據名稱的第一個字是半形符號→半形英數字→全形中文字（按筆畫順序）進行排列，因此在名稱前面加上「.」（點）或「*」（星號），資料夾就會緊緊貼在收件匣下方。因為以後會最常用到它，所以請把它放在最方便的地方。

圖 4-2 為資料夾命名並指定位置

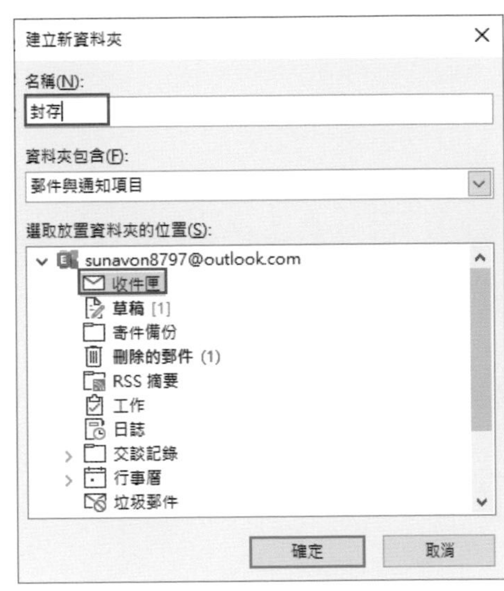

輸入名稱後，為保險起見，請確認新資料夾的存放位置，如果在「選取放置資料夾的位置」選擇〔**收件匣**〕，代表要將新資料夾建立在收件匣裡面。

最後再按下〔**Enter**〕，這樣「封存」資料夾就建好了。

此外，萬一公司信箱有容量限制或是會自動刪除，必須把郵件存放在個人的 Outlook 資料檔，遇到這種不適用上述做法的情況時，也可以把封存資料夾建立在個人的 Outlook 資料檔下面，請在「選取放置資料夾的位置」選擇你的個人 Outlook 資料檔，而非〔收件匣〕。

Step 2　設定快速步驟

快速步驟是藉由設定平時常用的特定操作來增加便利性的功能，在這裡，我們要讓郵件移動到剛才建立的封存資料夾。針對快速步驟，第五章也會有詳細說明。

打開〔**常用**〕索引標籤，在靠近中間的地方有一個〔**快速步驟**〕群組，請點擊裡面的〔**新建**〕。

圖 4-3　點擊〔常用〕索引標籤的〔新建〕

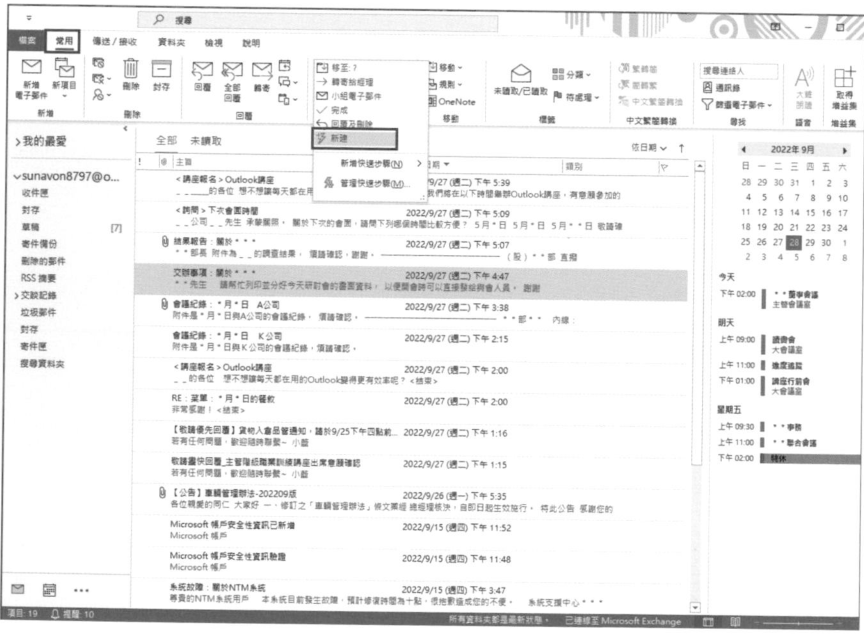

請點開「管理快速步驟」視窗中「編輯」，在「編輯快速步驟」視窗的「名稱」欄輸入「移至封存」，接著點開「選擇動作」的欄位，選擇〔**移動到資料夾**〕，然後點擊隨之出現的〔**選取資料夾**〕欄位，再選擇〔**封存**〕資料夾（或〔**其他資料夾**〕→〔**封存**〕）。

這裡還可以設定快速鍵。在視窗下方的「快速鍵」欄位點擊〔**選擇捷徑**〕的文字，選擇你想用來讓郵件移動到封存資料夾的快速鍵，圖 4-5 選的是〔**Ctrl + Shift + 1**〕，接著按下〔**完成**〕，快速步驟就設定好了。

另外，Office365 的 Outlook 本來就有內建封存資料夾，如果想直接使用，則不需設定快速步驟，按下〔**Back Space**〕即可封存郵件。

圖 4-4 命名並選擇動作

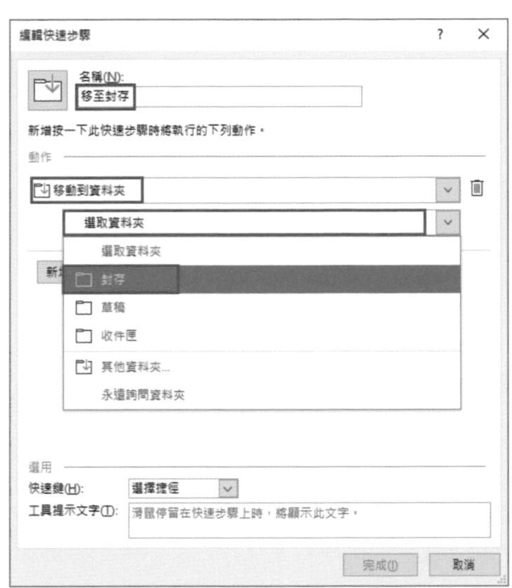

圖 4-5 選好快速鍵就大功告成

Step 3 新增搜尋條件欄

要準備的第三件事情是新增搜尋條件欄。搜尋的快速鍵是〔Ctrl〕+〔E〕，按下這個鍵之後，游標會自動移動到搜尋方塊。假設我們想要找到田中先生寄來的信，因此在搜尋方塊打上「田中」，接著所有包含這個關鍵字的郵件會在畫面上一字排開。這些搜尋結果不只有寄件者是「田中」的信，無論在副本、收件者、主旨或本文，只要含有「田中」二字的信都在裡面。這種搜尋方式不但精準度低，從裡面找到想要的郵件更是一大難題。

因此，我們要新增搜尋條件的欄位。**Outlook 可以指定搜尋條件，找出「寄件者是田中」的信，只要新增搜尋條件的欄位，就可以讓輸入變得更省事。**

圖 4-6　使用搜尋條件欄，讓找信更簡單

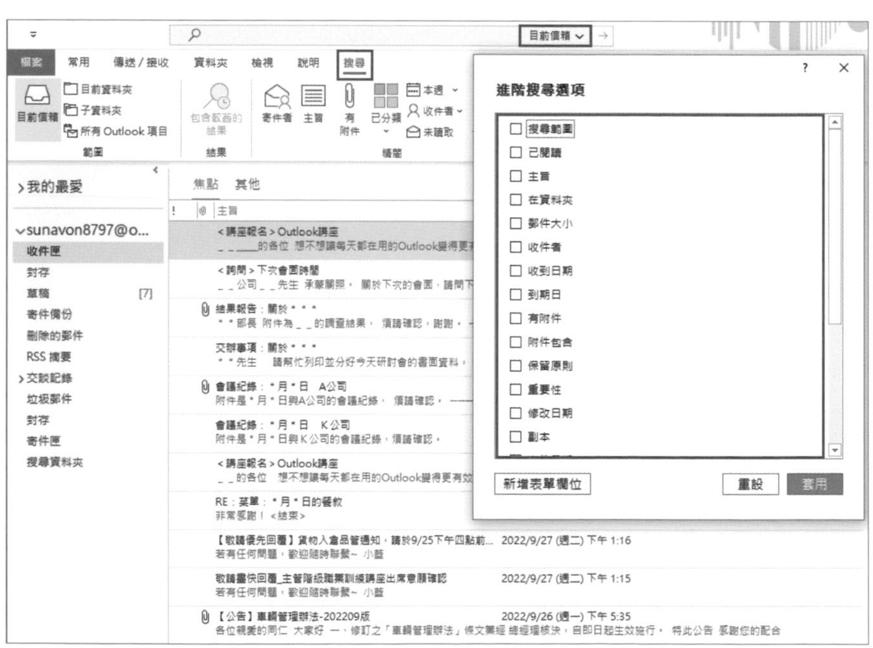

關於讓搜尋條件欄出現在畫面上的方法，首先請按〔**Ctrl**〕+〔**E**〕，游標會移動到搜尋方塊，同時開啟〔**搜尋工具**〕的〔**搜尋**〕索引標籤。點擊〔**精簡**〕群組中的〔**其他**〕，展開大約二十個左右的通用內容，我們可以從這裡挑選出〔**主旨**〕、〔**寄件者**〕等常用的搜尋條件。

圖 4-7　選擇常用的搜尋條件

讓我們試著把「主旨」加入搜尋條件吧！請點擊〔**其他**〕裡面的〔**主旨**〕。

圖 4-8 搜尋條件欄多了「主旨」

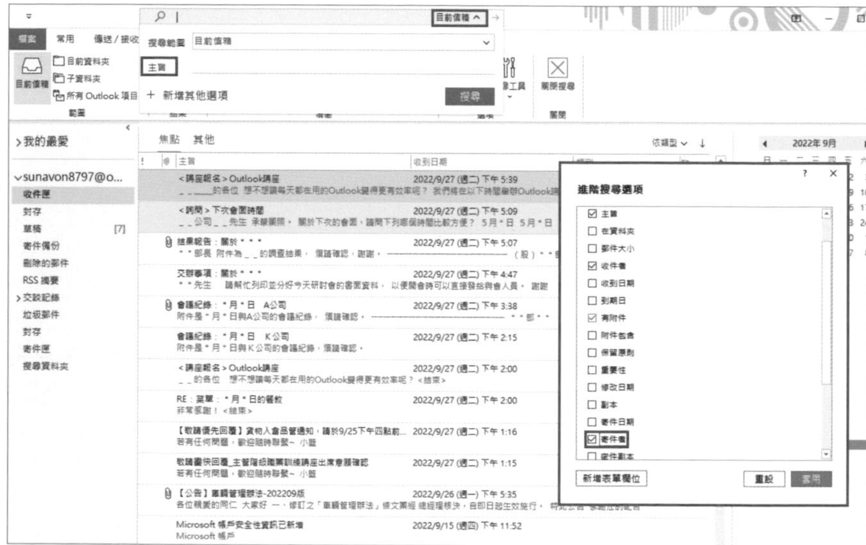

搜尋方塊下面多了一條「主旨」的欄位。接著再次打開〔**其他**〕，點擊〔**寄件者**〕。

圖 4-9 設定搜尋條件變得更方便

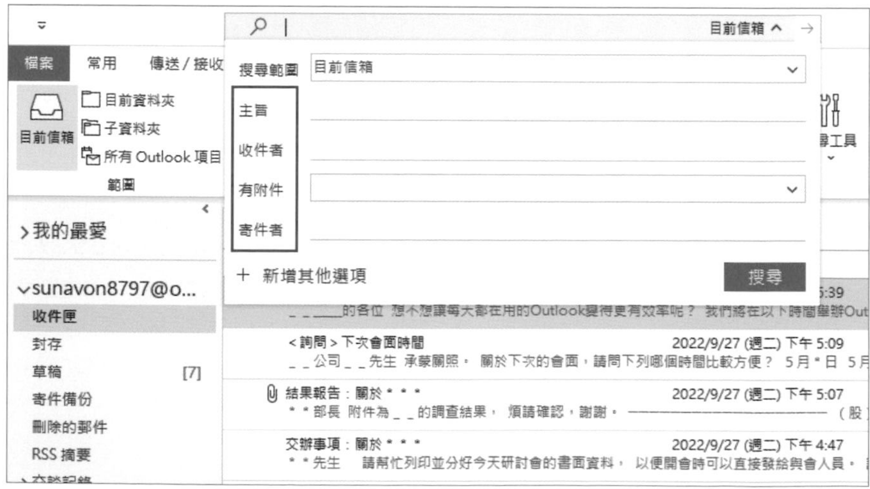

「寄件者」欄也加好了。我們繼續用這個方法加入「收件者」和「有附件」的欄位，點擊「有附件」欄還可以選擇〔**是**〕或〔**否**〕。由此可見，我們可以設定好幾個搜尋條件欄位，請配合你的工作內容選擇常用的條件，**這樣以後每次按下〔Ctrl〕+〔E〕，這些欄位都一定會出現，在指定詳細搜尋條件的時候派上用場**。如果之後不需要某個欄位了，就該把欄位左邊□內的〔✓〕刪除即可。

COLUMN 副業和 LGBT 的本質是一樣的

我出生的房子沒有自來水，哥哥還罹患某種障礙，這樣的我應該稱得上是擁有一個與「普通」相去甚遠——即充滿多樣性的土地和家庭背景吧！因此我非常自豪可以從小就對多樣性（Diversity）耳濡目染，並切身體會它的重要性。

多樣性在這幾年也開始受到企業的重視，因此在這裡，我想從多樣性的觀點出發，深入探討副業以及 LGBT。

副業和 LGBT 乍看似乎毫無關聯，但如果從「多樣性」的角度來看，LGBT 可以解釋成性的多樣性，副業則是時間用途的多樣性。

我認為在多樣性這點上，副業和 LGBT 的本質相差無幾。

那麼，企業應該插手干預這些個人的多樣性嗎？

單就副業而論，如果把上班時間內完成企業期望的目標作為一大前提，那麼非上班時間的假日應該是用來盡情發揮個人多樣性的時間。

開放員工經營副業的利弊經常被提出來討論，但若從多樣性的角度來看，這些議論只不過是在浪費時間。我想企業必須思考的，應該是如何相信員工可以在發揮各自多樣性的同時，達成工作上的目標。

這才是最快的電子郵件整理術

只是提升 Outlook 力，工作就變得這麼簡單

比方說，當你一早進到公司，啟動電腦，打開 Outlook，發現信箱裡有一堆未讀的電子郵件。這時，請你選擇最上面的一封，按〔Enter〕開啟。

如果看完之後不需要特別處理，請用快速鍵把它收進封存資料夾；如果是需要處理的郵件，請按〔Ctrl〕+〔>〕關閉並開啟下一封，把這封信繼續留在收件匣內。

多重複幾次這個動作之後，看過的信會被全數移到封存資料夾，只有必須處理的信——也就是「待辦事項」會被留下。

你就這樣繼續工作，時間來到了十點。到下一場會議開始之前，你還有一個小時可以處理自己份內的工作。至於這一個小時應該做哪些事，看看收件匣便一清二楚；換句話說，你只要從留在收件匣的郵件當中，權衡優先順序和緊急程度，按部就班地處理即可。

由此可見，**利用封存資料夾整理郵件，不但可以把收件匣當成待辦事項清單來用，而且還有助於提高工作效率。**

當我從電子郵件以外的地方收到其他任務時，我會馬上寄一封信到自己的信箱，儘管也有人會寫便利貼或編輯 Excel 來記錄待辦事項，但這個方法可以把待辦事項整合在使用頻率最高的平台 Outlook 上，不會讓資訊散落各處，還能減少疏漏的發生。

第 5 章

更省時的超級祕技

用搜尋資料夾功能 跟「搜尋郵件」說掰掰

儲存「常用的搜尋條件」

我們在第四章聊過，將郵件按資料夾分門別類，是一種既沒效率；又容易發生「蝙蝠難題」的做法。為了排除這個問題，我們建立了封存資料夾，將所有處理完的郵件存到裡面，想要重看某封信件的時候，只要在封存資料夾搜尋就可以了。

雖然這種做法簡單明瞭，可是也有人會想:「每次需要舊郵件都得重新搜尋，這樣好累喔！」「我覺得搜尋太麻煩了，還是分資料夾比較好。」

如果每次重看以前的信都要搜尋，用起來的確不太方便，就算游標會在按下快速鍵後自動跳到搜尋方塊，關鍵字也還是必須靠手動輸入；如果用好幾個關鍵字區分類似郵件，即便設定了搜尋條件欄（參考 P.78-81），一旦搜尋次數多了還是會覺得麻煩。

不過，有一個辦法可以省下這道程序。**Outlook 有一個內建功能，能夠用和分資料夾一樣的方式叫出存在封存資料夾裡的郵件**，這個功能是「搜尋資料夾」，雖然叫作「資料夾」，但其實更像是能儲存搜尋條件的按鈕。舉例來說，假設你原本整理郵件的方式，是把每個客戶的來信分別存入對應的資料夾，譬如把三采文化股份有限公司寄來的信放進名為「三采文化股份有限公司」的資料夾這樣。可是為了提高 Outlook 的工作效率，你放棄這種方法，改成將所有郵件存到封存資料夾，想要找「三采文化股份有限公司」的來信時，再利用關鍵字進行搜尋。但是，只要把這個搜尋條件存起來，以後搜尋就不用再手動輸入「三采文化股份有限公司」這幾個字，也就是說，這樣做的效果和「打開『三采文化股份有限公司』資料夾」是一樣的。

建立「三采文化股份有限公司」搜尋資料夾的做法如下：

圖 5-1　如何建立搜尋資料夾

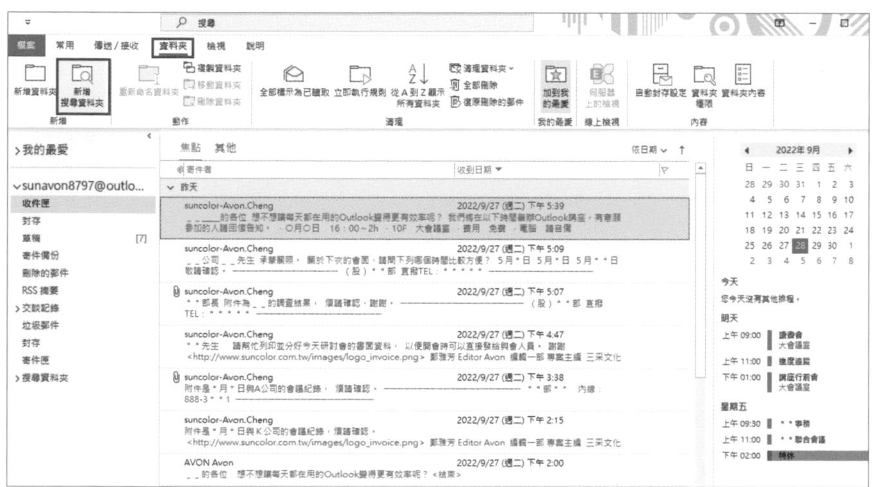

開啟〔**資料夾**〕索引標籤，點擊〔**新增**〕群組裡的〔**新增搜尋資料夾**〕。接著會出現「新增搜尋資料夾」的視窗，裡面有各式各樣的搜尋條件任君挑選。因為我們要設定的條件是「三采文化股份有限公司」這幾個字，請在點選〔**內含特殊文字的郵件**〕之後，點擊〔**選擇**〕。

圖 5-2　選擇搜尋條件

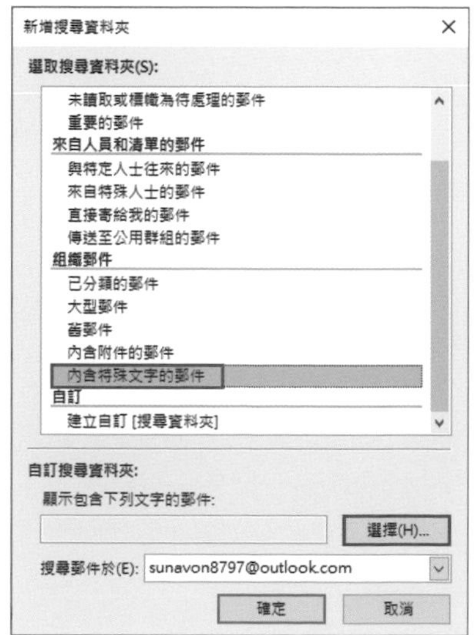

圖 5-3 指定搜尋文字

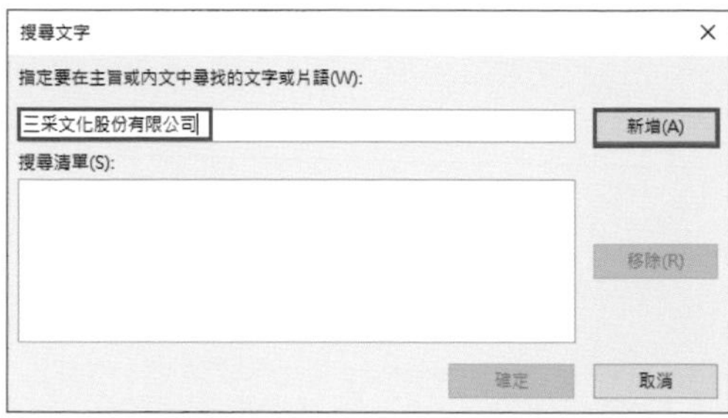

跳出「搜尋文字」的視窗後，請在「指定要在主旨或內文中尋找的文字或片語」欄輸入「三采文化股份有限公司」，並依序點擊〔**新增**〕和〔**確定**〕。

圖 5-4 新增搜尋資料夾

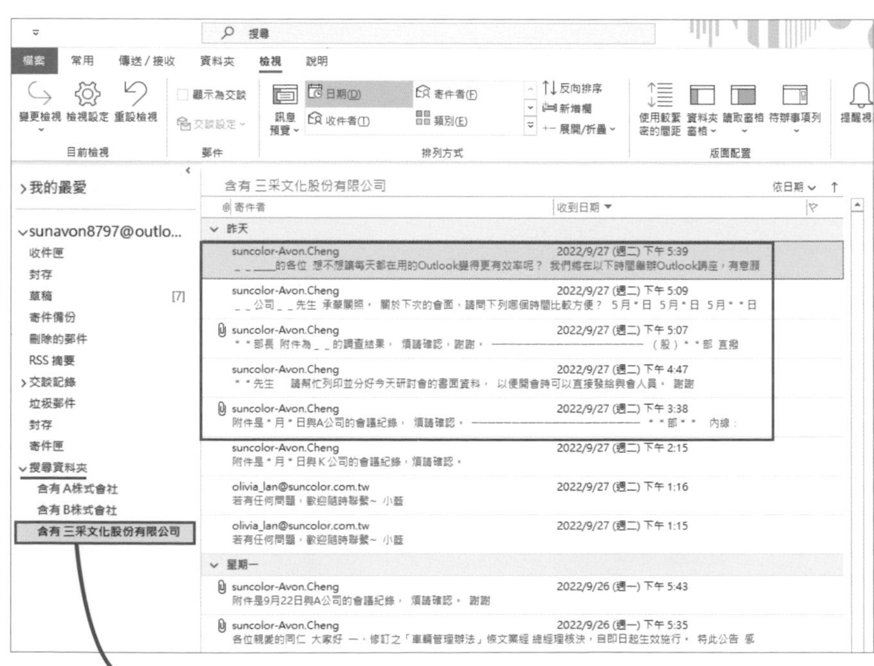

出現新增的資料夾

如此一來，「含有三采文化股份有限公司」就會出現在資料夾窗格的「搜尋資料夾」，點擊這裡可以只叫出包含「三采文化股份有限公司」的郵件。如果之後不需要了，點擊滑鼠右鍵再選擇〔**刪除資料夾**〕即可刪除；刪除搜尋資料夾並不會刪除郵件本身。

COLUMN 快速鍵怎麼記（Shift 篇）

快速鍵的數量多達上百個，一個一個記不知道要記到什麼時候，有沒有什麼比較好記的法方呢？經過一番研究之後，我想分享我個人的研究結果，以下將針對〔Shift〕的用法進行說明。

會用到〔Shift〕的快速鍵有兩個重點：

1. 加上〔Shift〕會「改變」規則

比方說，在 Outlook 按〔Ctrl〕+〔R〕是回覆寄件人，加上〔Shift〕會變成全部回覆；在 PowerPoint 按〔Ctrl〕+〔G〕，會把選取的圖片等組成群組，加上〔Shift〕則是取消選取。由此可見，用原本的快速鍵加〔Shift〕便能使用其他功能，只要記住這點就可以依此類推，猜測某個快速鍵加〔Shift〕之後會變成什麼效果。

2. 了解〔Shift〕按鍵上的「↑」符號是什麼意思

大部分的〔Shift〕鍵上都還有一個「↑」符號，你知道這個往上的箭頭代表什麼意思嗎？

按鍵上下分別印有不同的文字或符號，例如數字鍵〔1〕上有「1」和「！」。如果想在半形模式輸入「！」，你會先按住〔Shift〕再按〔1〕，對吧？〔Shift〕可以用來輸入印在按鍵上半部的文字或符號，只要知道這一點，就能理解〔Ctrl〕+〔Shift〕+〔；〕會等於〔Shift〕+〔：〕，也就是可以把原本包含〔Shift〕在內要按三個鍵的快速鍵代換成兩個，讓你記起來更簡單。

「快速步驟」讓你用三倍速處理日常業務

一分鐘就能搞定，超簡單的 Outlook 版巨集

我們在第四章設定了把收到的信移至封存資料夾的快速步驟，而本章則是要介紹讓快速步驟變得更方便的祕技。

在這之前，我們先來複習一下快速步驟。**所謂的快速步驟是一種讓不斷重複的動作自動化的功能**，堪稱是 Outlook 版的簡易巨集；但與 Excel 巨集不同的是，快速步驟並不需要特別的專業知識，任何人都能輕鬆上手。這個功能可以有效縮短工作時間，請你一定要記起來。

快速步驟的位置在郵件頁面的〔**常用**〕索引標籤靠近中間的地方，如果想設定新的快速步驟，請點擊裡面的〔**新建**〕。

接著畫面上會跳出「編輯快速步驟」的視窗，點開「動作」欄，可以從大約二十個選項當中挑選要設定的操作；而且利用視窗下方的「快速鍵」欄位，最多還可以搭配九種快速鍵，詳細設定方法請參考 P.76-77。

從下一節開始，我將介紹兩個使用快速步驟的範例。

Case 1
「快速步驟」

想讓 Outlook 自動輸入收件者，把信轉寄給整個團隊

我們常常需要把工作上的重要郵件轉寄給其他團隊成員，遇到這種情況，每次重新輸入收件者或許是一般的做法，但這樣做的效率很差。如果團隊都是固定成員，事先設定好全部轉寄的快速步驟將有助於節省時間。

我們來新增這種快速步驟吧！

圖 5-5 設定快速步驟

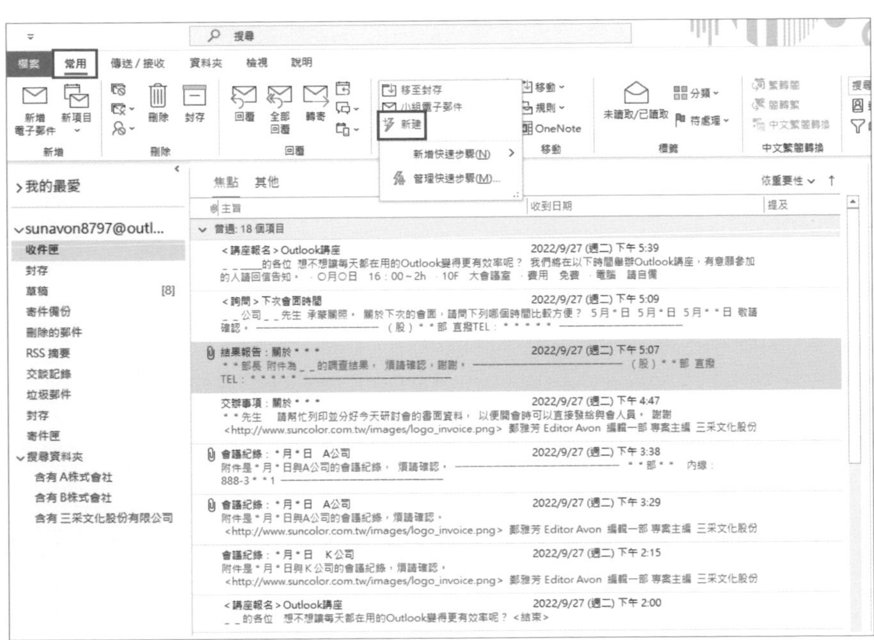

打開〔**常用**〕索引標籤，點擊〔**快速步驟**〕的〔**新建**〕。

圖 5-6 命名並選擇轉寄

跳出「編輯快速步驟」的視窗後，請在「名稱」欄輸入你想設定的名稱，這裡先以「轉寄團隊」為例，接著點開「選擇動作」的欄位，選擇〔**轉寄**〕。

圖 5-7 輸入要轉寄的對象

（視需求）設定快速鍵

在「收件者」欄輸入其他成員的電子信箱，最後按下〔**完成**〕，這樣轉寄團隊的快速步驟就設定好了。

此外，若想搭配快速鍵使用，請從「選用」下的「快速鍵」欄進行選取。

想要把收到的郵件轉寄團隊成員時，請在選取郵件後，從〔**常用**〕索引標籤的〔**快速步驟**〕點擊〔**轉寄團隊**〕。

圖 5-8　點擊〔轉寄團隊〕

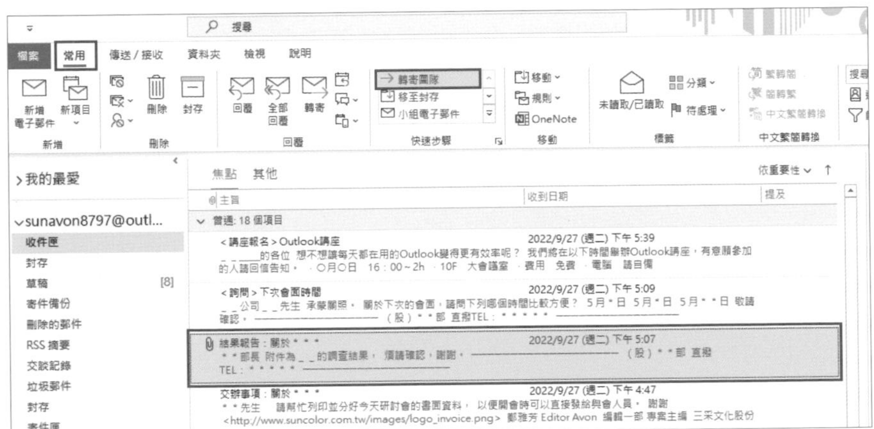

畫面會跳出轉寄視窗，而且收件者欄已經自動填妥其他成員的信箱，接著再輸入本文，按〔**Ctrl**〕＋〔**Enter**〕寄出。

圖 5-9　按〔Ctrl〕＋〔Enter〕寄出

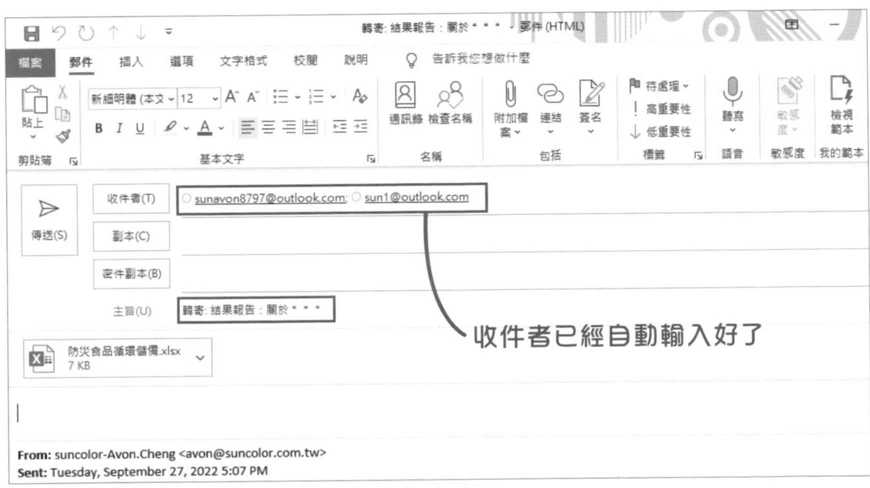

COLUMN 我在工作時最常用到的快速鍵

我最常用的快速鍵是〔Windows〕＋〔R〕，按下這個鍵會開啟「執行」視窗，無論原本在哪個畫面、使用哪個程式，都可以瞬間移動到指定的網頁或資料夾。

「把資料夾的捷徑放在桌面上，不但開起來快，用起來也很方便。」我想你應該有聽過或看過類似的說明，也可能實際上就是這麼做的。這種做法的出發點很好，可是請你想想看，當你用全螢幕模式開啟 Outlook 或 Excel 時，必須要先回到桌面、雙擊捷徑的圖示才能開啟資料夾，步驟其實意外地多。

這時，使用〔Windows〕＋〔R〕便能在不經過桌面的情況下，只用鍵盤跳到指定的資料夾。

做法如下：

第一次

1. 複製常用的資料夾路徑或網址。
2. 按〔Windows〕＋〔R〕打開「執行」視窗，在〔開啟〕欄位貼上複製的內容。
3. 按〔Enter〕前往資料夾或網頁。

第二次以後

1. 按〔Windows〕＋〔R〕打開「執行」視窗。
2. 游標會自動跳到〔開啟〕欄位，按〔Alt〕＋〔↓〕打開以前的紀錄。
3. 用方向鍵選擇目的地後連按兩次〔Enter〕。

Case 2
「快速步驟」

想讓回信自動把上司加入副本，並以「承蒙關照」作為本文開頭的時候

很多日本的企業團體都有這樣的規定：回覆外部郵件時，一定要把上司放在「副本」，而且本文一定要以「承蒙關照」開頭。這也是可以利用快速步驟節省時間的典型案例，我們可以讓回信視窗在開啟的瞬間自動輸入副本和本文的內容，下面就讓我們來建立這種快速步驟。

圖 5-10　快速步驟 Case 2

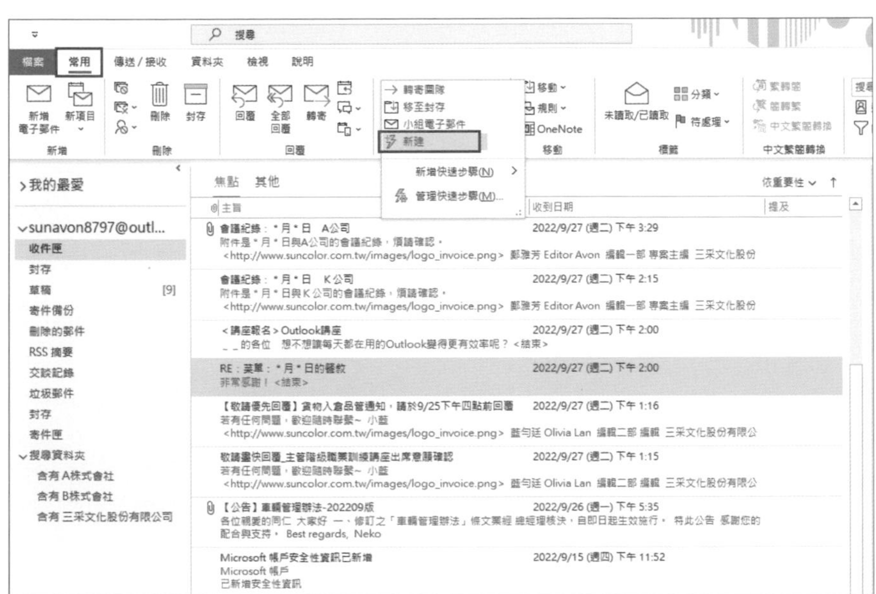

打開〔**常用**〕索引標籤，點擊〔**快速步驟**〕的〔**新建**〕。

圖 5-11 點擊〔顯示選項〕

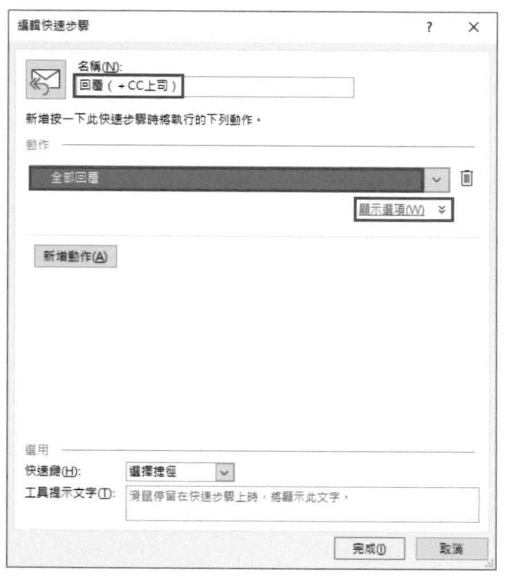

畫面上會出現「編輯快速步驟」的視窗，請在「名稱」欄輸入「回覆（＋ CC 上司）」，接著點開「選擇動作」，選取〔**全部回覆**〕，並點擊隨之出現的〔**顯示選項**〕。

圖 5-12 設定電子信箱及問候語

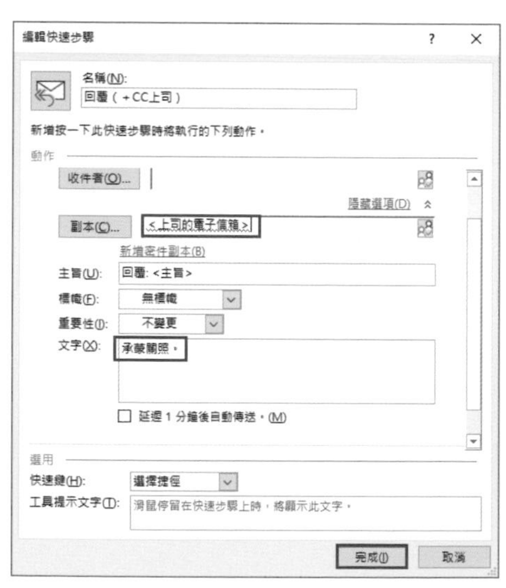

從選項裡點擊〔**新增副本**〕的文字，輸入上司的電子信箱，接著在「文字」欄輸入「承蒙關照」等開頭問候語，最後再按〔**完成**〕就設定好了。

回覆外部郵件時，請選取該郵件，打開〔**常用**〕索引標籤，從〔**快速步驟**〕點選〔**回覆（＋CC上司）**〕。

圖 5-13 點擊〔回覆（＋CC上司）〕

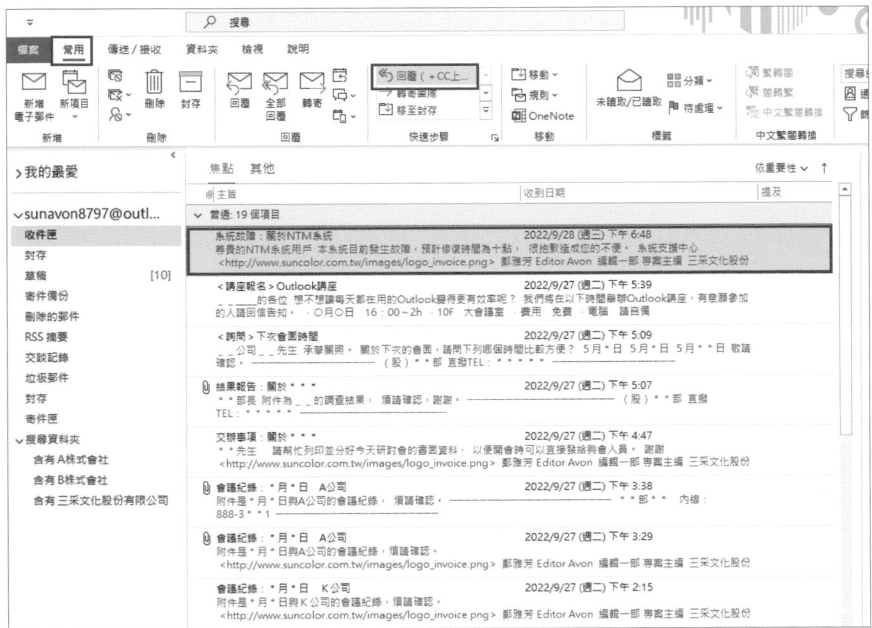

這樣畫面上就會跳出已經自動在「副本」輸入上司、本文有「承蒙關照」的郵件。

圖 5-14 省事多了

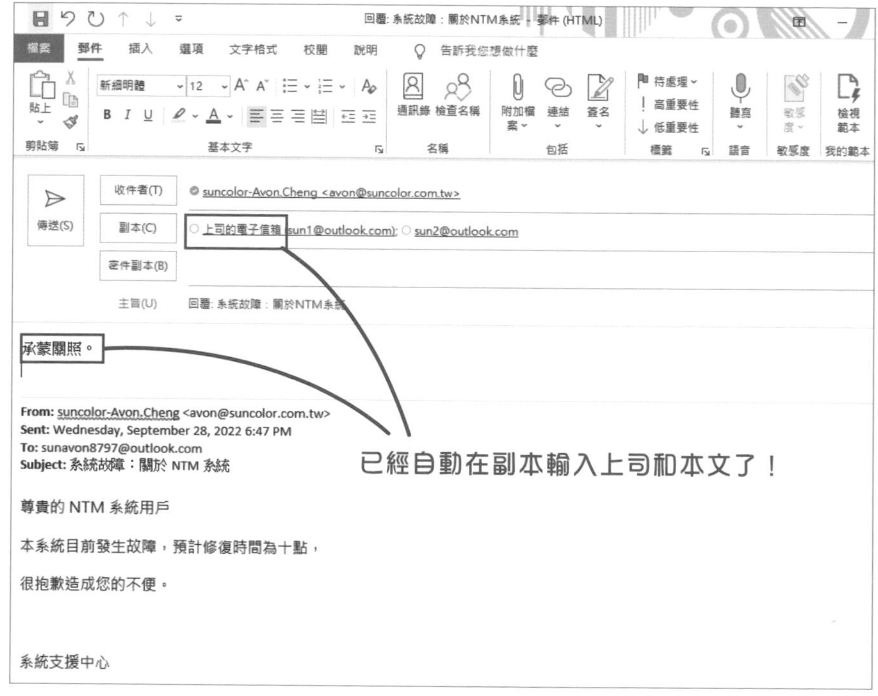

由此可見，為常用的制式化操作建立快速步驟，可以省下手動輸入和點擊一堆按鈕的麻煩，提高工作生產力。

超方便的「oft 檔」

三秒確認「●●現在在做什麼？」

「部長現在在位子上嗎？」「請問次長幾點會回公司？」「課長會開會到幾點呢？」無論內線或外線，你一定有接過打來詢問他人行程的電話。

如果有在用 Outlook 的行事曆共享行程，每每接到這種電話，你的操作流程會是：打開 Outlook 行事曆→確認部長或課長的行程→回覆對方。

我們把這個流程簡化一下，這裡會用到兩種工具，第一個是「oft」，這是 Outlook 範本的副檔名；另一個是會議視窗，它會按照視窗開啟的時間顯示行程。將這兩種工具搭配使用，就可以讓當下的所有行程一目瞭然。

首先要製作範本，請按〔Ctrl〕+〔Shift〕+〔Q〕開啟會議視窗。

圖 5-15 開始用 oft 檔吧

在「收件者」輸入經常需要確認行程的同事，並在「主旨」輸入易於辨識的名稱，接著按〔F12〕另存新檔。

圖 5-16 按〔F12〕存檔

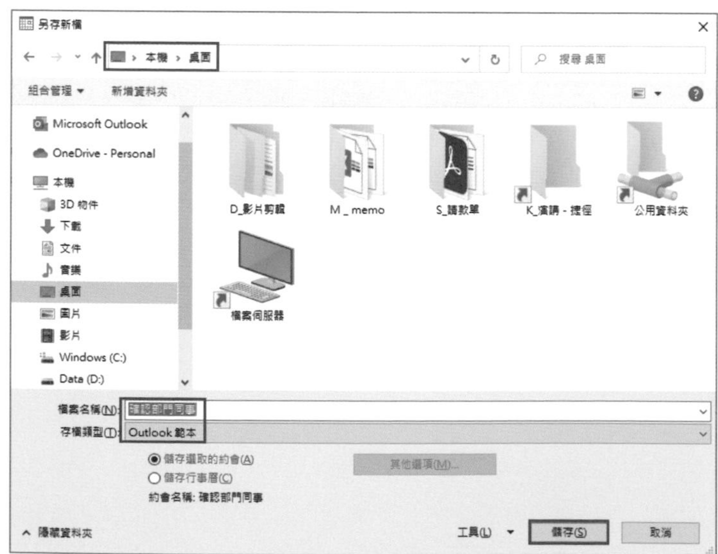

進入「另存新檔」的視窗後，請點開「存檔類型」，選擇〔**Outlook 範本**〕，再指定要儲存的位置（圖 5-16 存在桌面上），檔名和剛才的主旨一樣輸入「確認部門同事的行程」，最後點擊〔**儲存**〕即可。接著按〔**Esc**〕，畫面會跳出「您要如何處理此會議邀請」的視窗，請直接按〔**確定**〕。

這樣 oft 檔就存在桌面上了。請雙擊圖示開啟檔案。

圖 5-17 存成 oft 檔

圖 5-18 可以馬上知道部門同事的行程

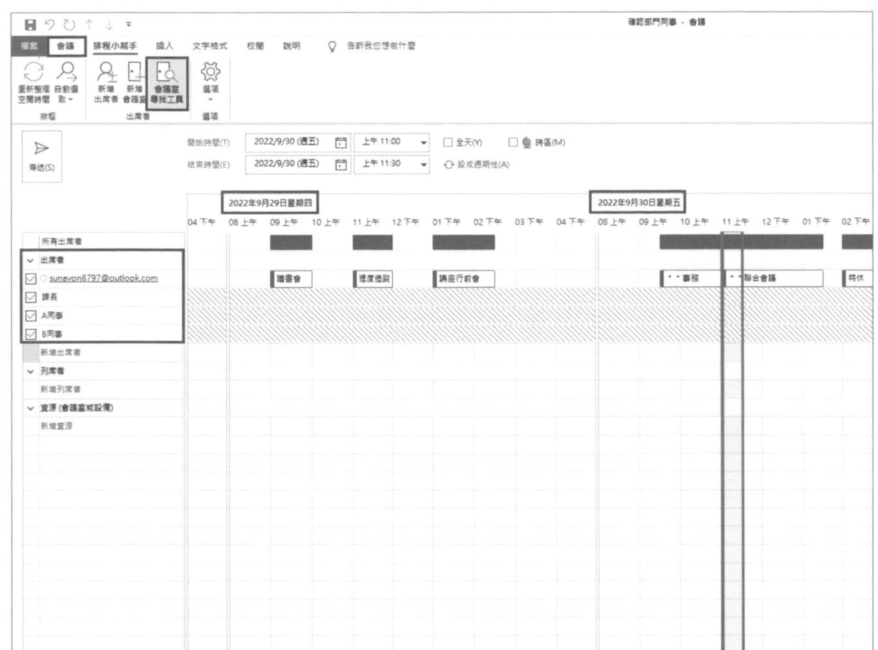

畫面會跳出會議視窗，並顯示當天以及鄰近的日期、時段。請你打開〔**會議**〕索引標籤，點擊〔**顯示**〕群組的〔**排程**〕或〔**排程小幫手**〕，所有同事當下的行程都在上面一清二楚，這樣你就可以用更快的速度回答電話裡的問題啦！

如果有在用 Outlook 的行事曆管理會議室，範本也可以用來確認會議室的使用情形，設定方法和確認行程用的範本差不多。

首先按〔**Ctrl**〕+〔**Shift**〕+〔**Q**〕開啟會議視窗，在「收件者」輸入會議室一覽表的電子信箱，「主旨」輸入「會議室一覽表」，接著按〔**F12**〕存檔。

跳出「另存新檔」的視窗後，請點開「存檔類型」選擇〔**Outlook 範本**〕，儲存位置選擇桌面，在「檔案名稱」輸入「會議室一覽表」後點擊〔**儲存**〕。按〔**Esc**〕會跳出「您要如何處理此會議邀請」的視窗，請點擊〔**確定**〕即可。

想確認有沒有空的會議室時，請雙擊開啟桌面上的「會議室一覽表」，打開〔**會議**〕索引標籤，點擊〔**顯示**〕群組的〔**排程**〕或〔**排程小幫手**〕後，就會出現會議室當下的使用情況了。

此外，〔約會〕和〔排程小幫手〕也可以用〔**Ctrl**〕+〔**Page Up**〕或〔**Ctrl**〕+〔**Page Down**〕進行切換。

用快速組件一秒叫出常用文章

登錄所有的制式文章

你知道嗎？日文輸入法可以把書信常用的「お世話になります（承蒙關照）」等慣用句登錄字典，直接將前兩個讀音（「おせ」）轉換成完整句子，藉此節省打字時間。這個功能叫作「新增單字」，它的優點是只需要登錄一次，就可以用於包含 Outlook 在內的 Excel、Word、PowerPoint 以及上網等各種應用程式。

另一方面，這個功能也有缺點，那就是不能用來登錄較長文章或需要換行的文章。新增單字的字數上限大約是六十個字，超過便無法使用這項功能。

可是書信也有很多制式化的長文或需要換行的文章，每次都要重新輸入會讓作業時間被拉得很長。

當我們想把無法使用新增單字功能的制式文章登錄進電腦時，就輪到「快速組件」上場啦！快速組件可以記錄需要分成好幾行的長篇文章，以及套用特定格式的公司名稱和商標等圖片的圖文內容，例如：

「上一封郵件的附檔密碼為 ＊＊＊＊＊。
敬請確認，謝謝。」

我們就來試著把這種經常用到的文章登錄在快速組件中。

圖 5-19 輸入＆選取制式文章後按〔Alt〕＋〔F3〕

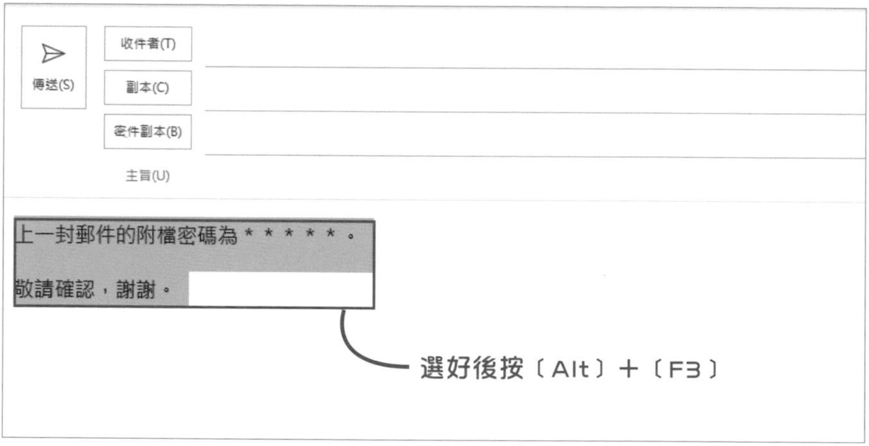

收件者(T)
副本(C)
密件副本(B)
主旨(U)
傳送(S)

上一封郵件的附檔密碼為＊＊＊＊＊。
敬請確認，謝謝。

選好後按〔Alt〕＋〔F3〕

請開啟新郵件，在本文輸入並選取想要登錄的文章。至於選取的方法，在打完字、游標還停在文末句號的右邊時，按〔**Shift**〕＋**方向鍵**〔←〕往前移動，就可以用鍵盤選取整個段落。

選好之後請按〔**Alt**〕＋〔**F3**〕。

圖 5-20 命名並登錄

建立新建置組塊 ? ×

名稱(N): 密碼
圖庫(G): 自動圖文集
類別(C): 一般
描述(D):
儲存於(S): NormalEmail
選項(O): 只插入內容
確定 取消

這時會出現「建立新建置組塊」的視窗，「名稱」欄會顯示文章開頭的前幾個字，請你把它改成比較好記的名字。因為本節使用的範例與密碼有關，所以我把名稱改成「密碼」，再按〔**Enter**〕就完成了。

在本文輸入名稱，選好正確的字，接著按〔**F3**〕就可以插入剛才登錄的文章，有些版本的 Outlook 還可以在選好字以後再按一次〔**Enter**〕插入。

圖 5-21 輸入建置組塊的名稱後按〔F3〕

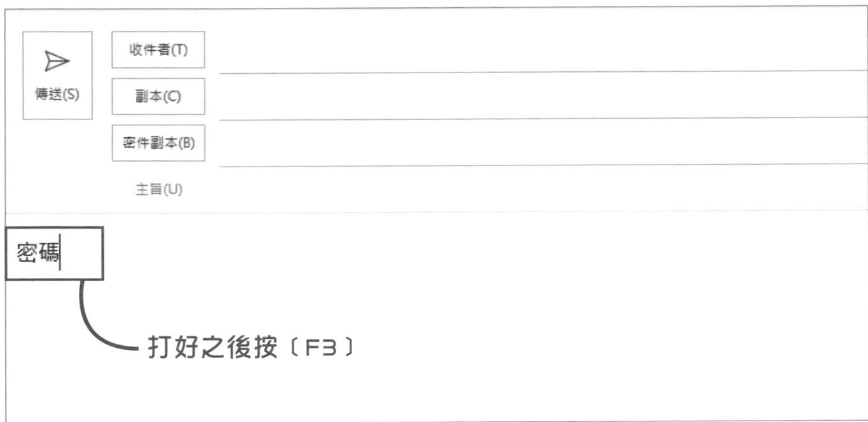

〔F3〕

圖 5-22 可以轉換成制式文章！

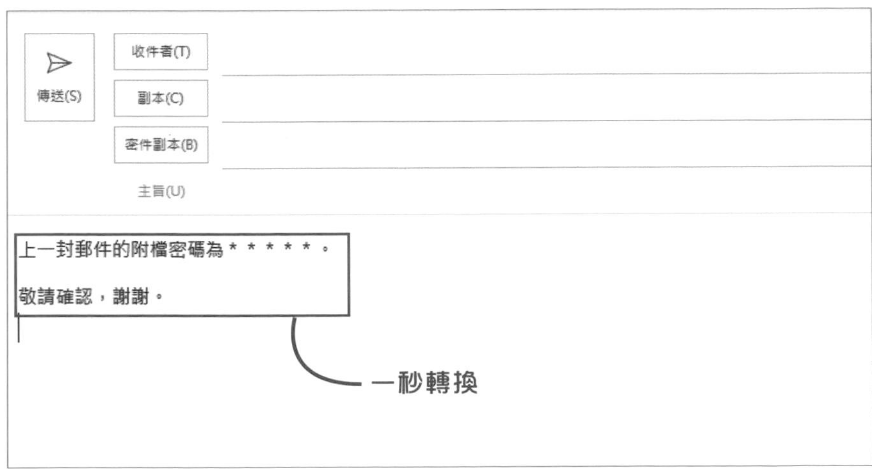

萬一登錄的文章內容有誤，可以按照以下步驟刪除錯誤的文章，並在刪除後重新登錄正確的內容。

在撰寫郵件的視窗打開〔**插入**〕索引標籤，點擊〔**快速組件**〕，把游標對準〔**自動圖文集**〕後，旁邊會出現之前登錄的文章，請在任何一個文章上點擊滑鼠右鍵，選擇〔**組織與刪除**〕。

圖 5-23 選擇〔組織與刪除〕

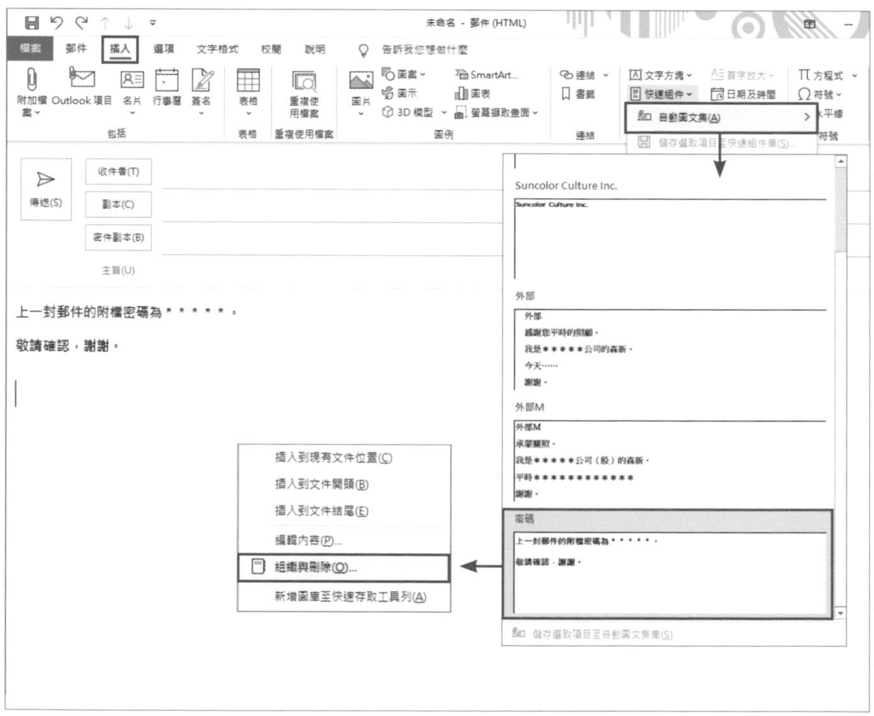

這個步驟無法在純文字格式下執行。要是把游標對準〔**自動圖文集**〕卻沒有跳出任何內容，請打開〔**文字格式**〕索引標籤，點擊〔**HTML**〕或〔**RTF 文字**〕，之後再重新操作一次。

圖 5-24 選擇建置組塊並點擊〔刪除〕

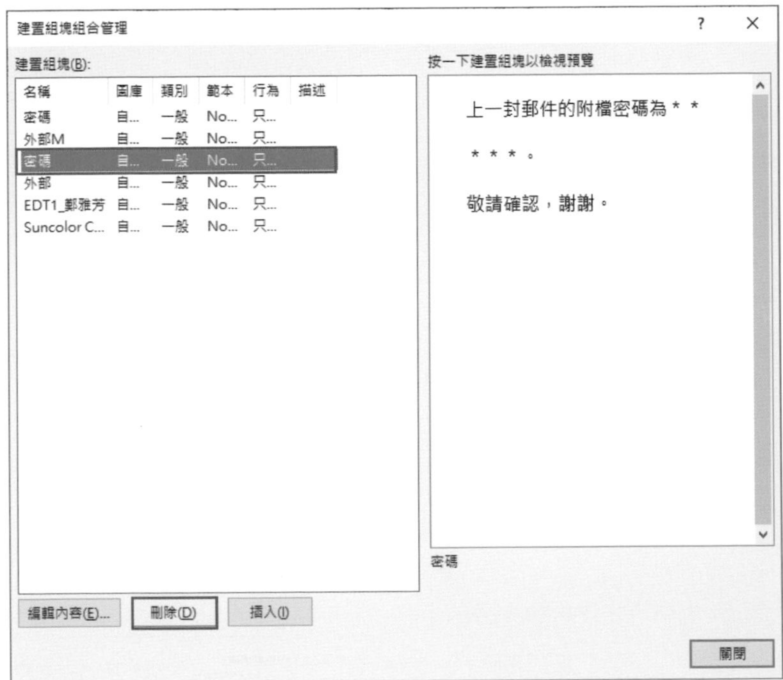

請從已登錄的建置組塊中選擇想要刪掉的文章並點擊〔**刪除**〕。

在跳出來的確認視窗點擊〔**是**〕刪除建置組塊以後，畫面會跳回「建置組塊組合管理」視窗，請點擊〔**關閉**〕。

圖 5-25 點擊〔是〕進行刪除

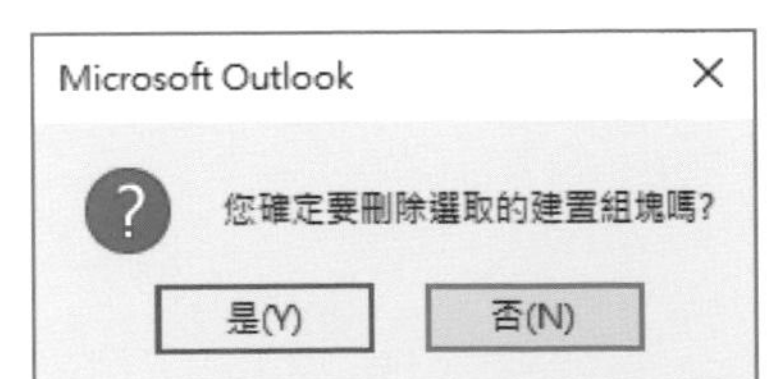

由此可見，快速組件無論登錄、刪除都非常簡單，請你把電子書信常用的文章登錄進去吧！

使用快速組件要注意一點，那就是**它和新增單字不同，無法用於 Outlook 以外的軟體**。請你仔細衡量快速組件與新增單字的利弊，並視使用情況善用這些工具！

用「延後一分鐘寄出規則」減少出包

管理規則及通知功能讓你從此不犯錯

記住：快速鍵雖然可以縮短工時，但也可能會因為誤觸按鍵，不小心把寫到一半的郵件寄出去。因此我們要再設定一個防止寄錯信的規則，讓按下〔**Ctrl**〕＋〔**Enter**〕傳送的信先被放進寄件匣，等到一分鐘之後再真正寄出；除了按〔Ctrl〕＋〔Enter〕之外，用滑鼠點擊〔**傳送**〕按鈕寄出的信也會套用這個規則。

設定方法需要使用「管理規則及通知」功能，步驟如下：

圖 5-26 開啟「管理規則及通知」

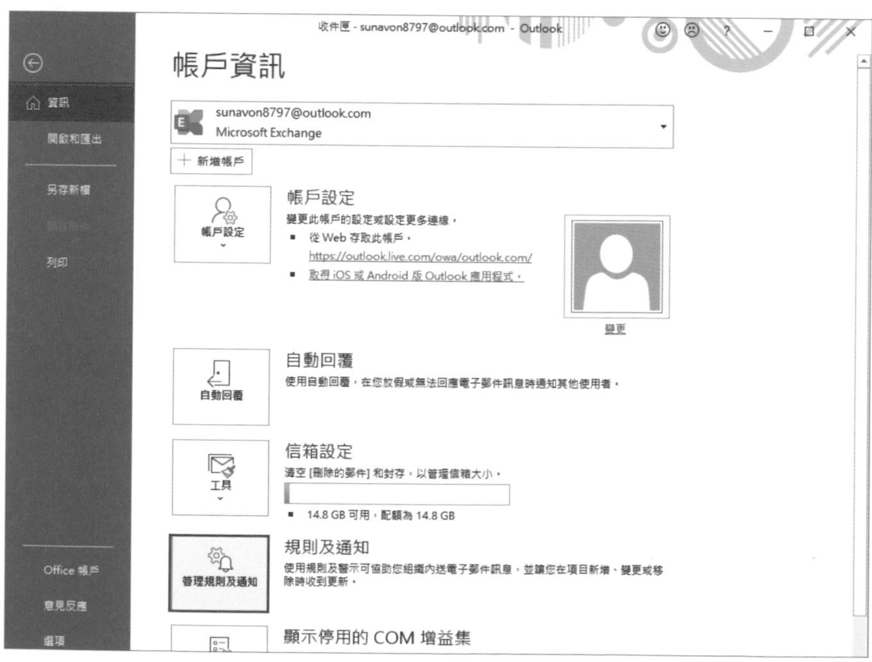

打開〔**檔案**〕索引標籤，選擇左側的〔**資訊**〕，並點擊右側的**「管理規則及通知」**。

畫面上會跳出「管理規則及通知」的視窗，點擊〔**新增規則**〕。

圖 5-27 **點擊〔新增規則〕**

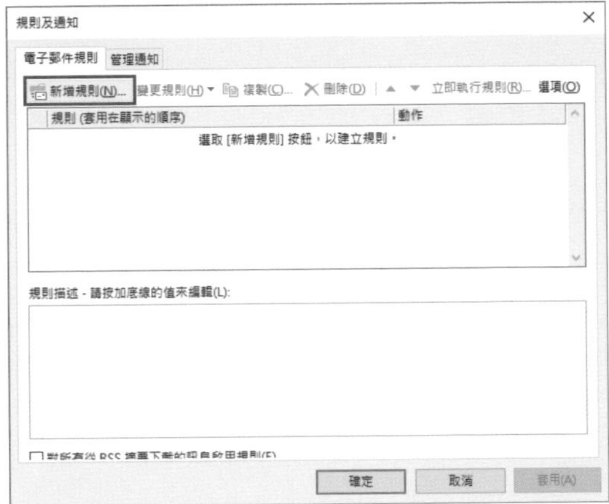

開啟「規則精靈」，選擇〔**將規則套用至我傳送的郵件**〕後按〔**下一步**〕。

圖 5-28 **將規則套用至我傳送的郵件**

圖 5-29 什麼都不選，直接進入〔下一步〕

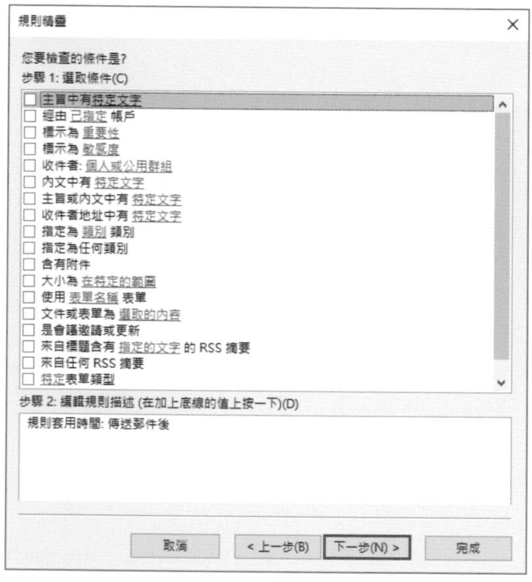

接著視窗會詢問「你要檢查的條件是？」請不要選擇任何項目，直接點擊〔**下一步**〕，這樣所有寄出的信都會套用這個規則。接著會跳出「每個傳送的郵件將會套用這個規則，正確嗎？」請選擇〔**是**〕。

圖 5-30 選擇指定寄出時間的設定

請在「步驟 1：選取動作」勾選〔延後數個分鐘傳送〕，在「步驟 2」點擊〔**數個**〕。

畫面會顯示「延後傳送」的視窗，因為數字的地方原本就已經是「1」分鐘了，所以直接按〔**確定**〕即可。

圖 5-31 **延後一分鐘寄出**

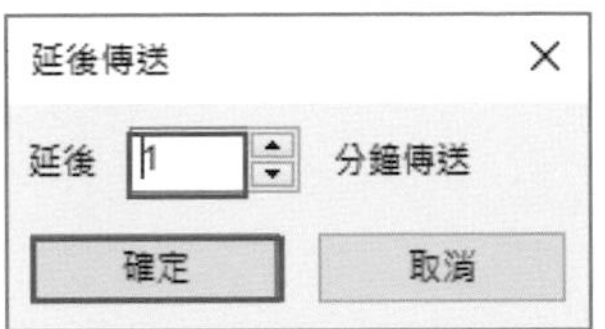

回到原來的視窗以後，請按〔**下一步**〕進入「是否有任何例外？」的設定，在「步驟 1」選擇「除了主旨包含特定文字之外」，在「步驟二」點擊〔**特定文字**〕。

圖 5-32 **為規則設定例外**

請在「指定要在主旨中尋找的文字或片語」欄位輸入三個全形空格後按下〔**新增**〕，接著用同樣的方法新增三個半形空格，圖 5-33 還新增了「●」符號，結束後按〔**確定**〕關閉視窗。

圖 5-33 **輸入例外的文字**

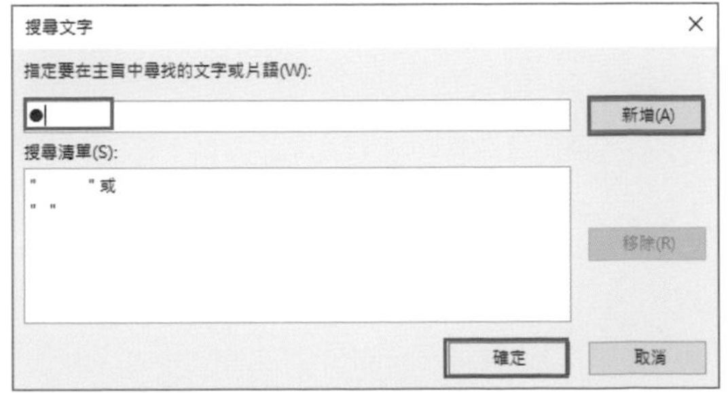

圖 5-34 為規則命名後就完成

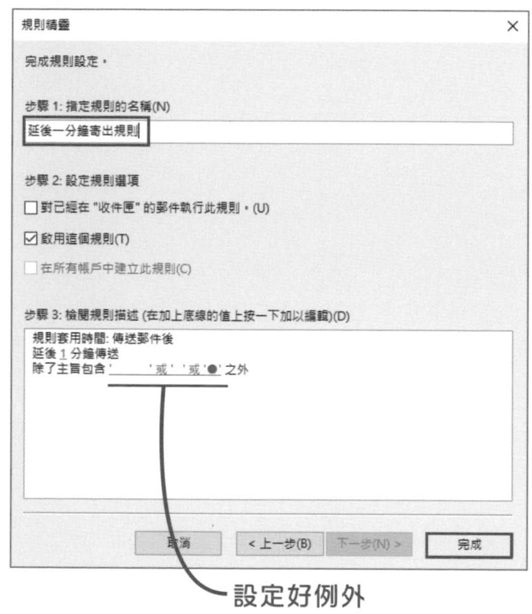

回到「規則精靈」的視窗，按〔**下一步**〕。

填妥「步驟 1：指定規則的名稱」欄位後點擊〔**完成**〕，並在跳出來的確認視窗點擊〔**是**〕，最後回到「規則及通知」視窗點擊〔**確定**〕。

這樣郵件就會延後一分鐘再送出。這段期間郵件會被存放在寄件匣內，要是發現哪裡出錯，只要把信從裡面拉出來就可以及時挽回了。

不過，我們偶爾也可能會被要求在會議上立刻把最新的檔案寄給客戶，這時當然不可能悠悠哉哉地回答：「好，我一分鐘後寄。」在這種情況下，延後寄信的規則沒辦法發揮它的優勢。

需要馬上寄出的信請在主旨輸入三個全形、半形的空格或「●」符號後再按〔**Ctrl**〕＋〔**Enter**〕即可直接傳送。

設定「自動關閉郵件」提高生產力

在不增加視窗的情況下回信

我們來複習一下回信的步驟：按〔Enter〕開啟收件匣的郵件，如果讀完信需要回覆，請按〔Ctrl〕+〔R〕（或〔Ctrl〕+〔Shift〕+〔R〕）進入回信視窗，輸入內容之後再按〔Ctrl〕+〔Enter〕寄出。

與用滑鼠的時候相比，儘管我們的工作效率已經提高許多，可是仍然有一些浪費時間的操作。

開啟郵件回完信之後，寄出的信會存入寄件備份，從畫面上消失，但原本打開的那封信卻還是會保持開啟的狀態留在原地。當你越是手腳俐落地處理信件，留下來的視窗就會越來越多，導致你需要多花額外的功夫來關掉它們。

因此我們要調整設定，**讓開啟的郵件在回完信後自動關閉，這樣就不需要另外關閉這些視窗，花在 Outlook 上的時間也會因此減少。**

圖 5-35　設定回信後關閉視窗

打開〔**檔案**〕索引標籤，選擇〔**選項**〕。

圖 5-36 這樣視窗就不會一直增加

畫面上會出現「Outlook 選項」視窗，請選擇左邊欄位中的〔**郵件**〕，並在右邊的「回覆及轉寄」把〔**回覆或轉寄時關閉原始郵件視窗**〕打勾，接著按下〔**確定**〕。

這樣一來，以後在開啟郵件的狀態下進入回信視窗時，原本的視窗就會自動關閉了。

第6章

更省時的快速鍵（晉級篇）

Ctrl + Alt + R
＝一秒送出會議邀請

能夠提升團隊生產力的功能

這裡要介紹一個可以在用電子郵件協調開會時間時派上用場的快速鍵：**選取收到的郵件並按〔Ctrl〕＋〔Alt〕＋〔R〕**。如此簡單的一個動作，就可以在建立會議邀請的同時，把原本的寄件者及副本加入「收件者」，並引用原來的主旨和本文。

圖 6-1 用來調整開會時間的快速鍵

> 我的最愛
sunavon8797@outl...
收件匣
封存
草稿 [15]
寄件備份
刪除的郵件 1
RSS 摘要
> 交談記錄
垃圾郵件
封存
寄件匣
搜尋資料夾
含有 A株式會社
含有 B株式會社
含有 三采文化股份有限...

焦點 其他 依重
主旨 收到日期 提及
管道: 19 個項目
sunavon8797@outlook.com
關於NTM系統 2022/9/28 (週三) 下午 6:48
系統用戶 本系統目前發生故障，預計修復時間為十點， 很抱歉造成您的不便。 系統支援中心
<講座報名>Outlook講座 2022/9/27 (週二) 下午 5:39
_ _ ___的各位 想不想讓每天都在用的Outlook變得更有效率呢？ 我們將在以下時間舉辦Outlook講座，有意願參加的人請回信
<詢問>下次會面時間 2022/9/27 (週二) 下午 5:09
_ _公司_ _先生 承蒙關照。 關於下次的會面，請問下列哪個時間比較方便？ 5月＊日 5月＊日 5月＊＊日 敬請確認。
結果報告：關於＊＊＊ 2022/9/27 (週二) 下午 5:07
＊＊部長 附件為_ _的調查結果， 煩請確認，謝謝。 ———————— （股）＊＊部 直撥TEL：＊＊＊＊＊
交辦事項：關於＊＊＊ 2022/9/27 (週二) 下午 4:47
＊＊先生 請幫忙列印並分好今天研討會的書面資料， 以便開會時可以直接發給與會人員。 謝謝
會議紀錄：＊月＊日 A公司 2022/9/27 (週二) 下午 3:38
附件是＊月＊日與A公司的會議紀錄， 煩請確認。 ———————— ＊＊部＊＊ 內線：888-3＊＊1
會議紀錄：＊月＊日 A公司 2022/9/27 (週二) 下午 3:29
附件是＊月＊日與A公司的會議紀錄，煩請確認。
會議紀錄：＊月＊日 K公司 2022/9/27 (週二) 下午 2:15
附件是＊月＊日與K公司的會議紀錄，煩請確認。
<講座報名>Outlook講座 2022/9/27 (週二) 下午 2:00
_ _的各位 想不想讓每天都在用的Outlook變得更有效率呢？ <結束>
RE：菜單：＊月＊日的餐敘 2022/9/27 (週二) 下午 2:00
非常感謝！ <結束>
【敬請優先回覆】貨物入倉品管通知，請於9/25下午四點前回覆 2022/9/27 (週二) 下午 1:16
若有任何問題，歡迎隨時聯繫~ 小藍
敬請盡快回覆_主管階級職業訓練講座出席意願確認 2022/9/27 (週二) 下午 1:15
若有任何問題，歡迎隨時聯繫~ 小藍
【公告】車輛管理辦法-202209版 2022/9/26 (週一) 下午 5:35
各位親愛的同仁 大家好 一、修訂之「車輛管理辦法」條文業經 總經理核決，自即日起生效施行。 特此公告 感謝您的配合與支

〔Ctrl〕+〔Alt〕+〔R〕

⬇

圖 6-2 可以迅速發出會議邀請

用行事曆確認與會人員和會議室的空檔，調整開會時間，輸入開會地點（位置）再按下傳送，這樣不但能快速發出會議邀請，收件者也可以從顯示在本文下方的通聯紀錄，確認事情的經過及邀請內容，溝通效率會因此提高。

Ctrl + Space =清除格式

一秒整理好被複製貼上打亂的格式

當書信往來的次數多了，一封信裡經常摻雜了各種不一樣的文字格式，這是因為每個人使用的字型不盡相同；最常見的情況是把來信的部分內容複製貼上回信當中，導致回信裡面只有某個部分字型不一樣。

圖 6-3　解決字型亂七八糟的問題

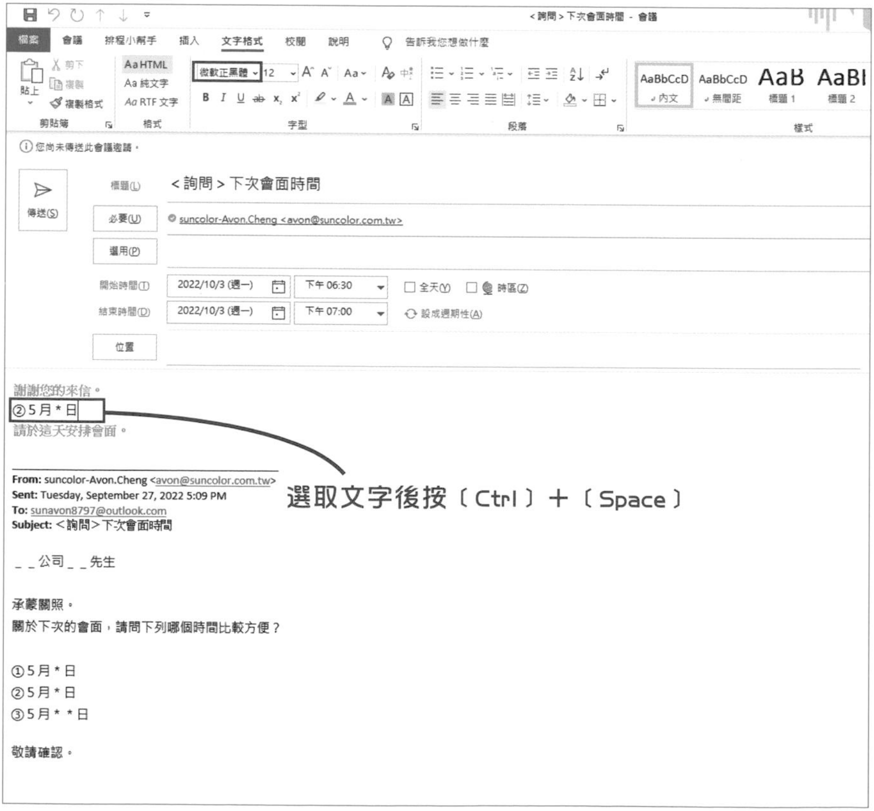

<詢問> 下次會面時間 - 會議

檔案　會議　排程小幫手　插入　文字格式　校閱　說明　告訴我您想做什麼

微軟正黑體　12

ⓘ 您尚未傳送此會議邀請。

傳送(S)

標題(L)　<詢問> 下次會面時間

必要(U)　suncolor-Avon.Cheng <avon@suncolor.com.tw>

選用(P)

開始時間(T)　2022/10/3 (週一)　下午 06:30　全天(V)　時區(Z)

結束時間(D)　2022/10/3 (週一)　下午 07:00　設成週期性(A)

位置

謝謝您的來信。

②5月＊日

請於這天安排會面。

選取文字後按〔Ctrl〕＋〔Space〕

From: suncolor-Avon.Cheng <avon@suncolor.com.tw>
Sent: Tuesday, September 27, 2022 5:09 PM
To: sunavon8797@outlook.com
Subject: <詢問>下次會面時間

_ _公司_ _先生

承蒙關照。
關於下次的會面，請問下列哪個時間比較方便？

①5月＊日
②5月＊日
③5月＊＊日

敬請確認。

〔Ctrl〕+〔Space〕

⬇

圖 6-4 格式統一了

在圖 6-3 當中，來信的字型為「微軟正黑體」，回信則是「新細明體」，因此只有複製的內容使用「微軟正黑體」。因為字型與郵件的內容無關，就這樣留著也不會影響工作，但應該還是會有人怕收件者覺得這樣很奇怪，每次寫信都一定會統一字型。

〔Ctrl〕+〔Space〕是能夠一口氣解決格式問題的便利快速鍵，**只要把文字選取之後再按一下，就能將被選取的文字變成預設格式，大大省下統一字型的麻煩。**〔Ctrl〕+〔Space〕也適用於 PowerPoint、Word 等 Office 軟體，請善加利用。

選取文字的部分也用鍵盤操作，可以讓工作速度變得更快：把游標放在要選取的段落開頭，按住〔**Shift**〕並用**方向鍵的**〔**→**〕進行選取，反方向則用〔**Shift**〕+〔**←**〕，而〔**Shift**〕+〔**↑**〕**or**〔**↓**〕還可以逐行選取。

選好後按下〔**Ctrl**〕+〔**Space**〕，各種亂七八糟的字型會在瞬間變成預設格式。

我們也來看一下要從哪裡設定預設格式。打開〔**檔案**〕索引標籤，開啟〔**選項**〕，選擇左邊的〔**郵件**〕，然後從「撰寫信件」的「使用信箋變更預設字型和樣式、色彩及背景」欄位點擊〔**信箋和字型**〕。

圖 6-5 點擊「回覆或轉寄訊息」的〔字型〕

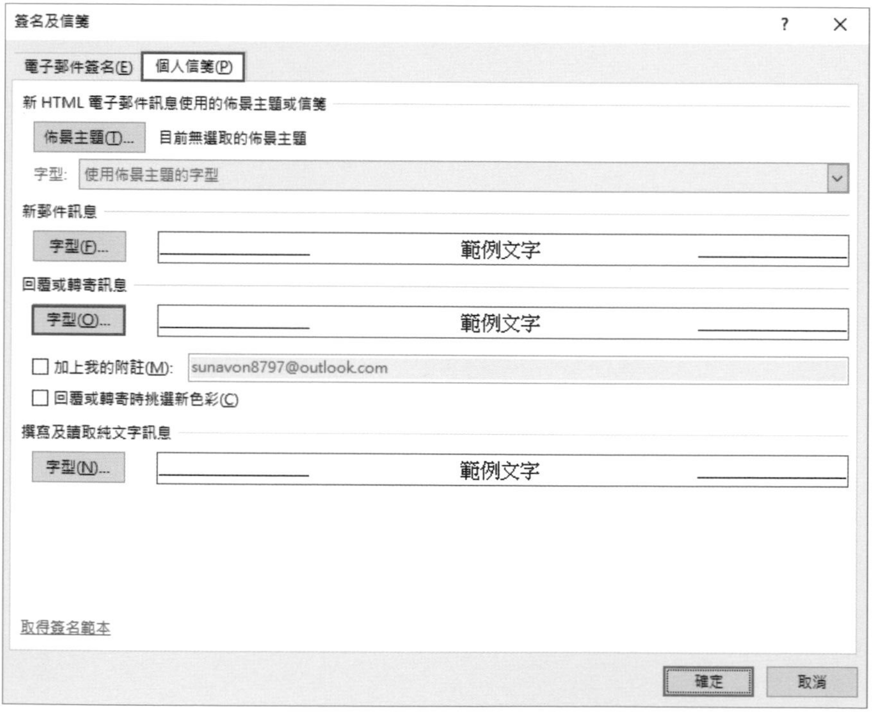

在「簽名和信箋」視窗選擇〔**個人信箋**〕索引標籤，點擊「回覆或轉寄訊息」下方的〔字型〕。

圖 6-6 **可以確認、變更字型樣式**

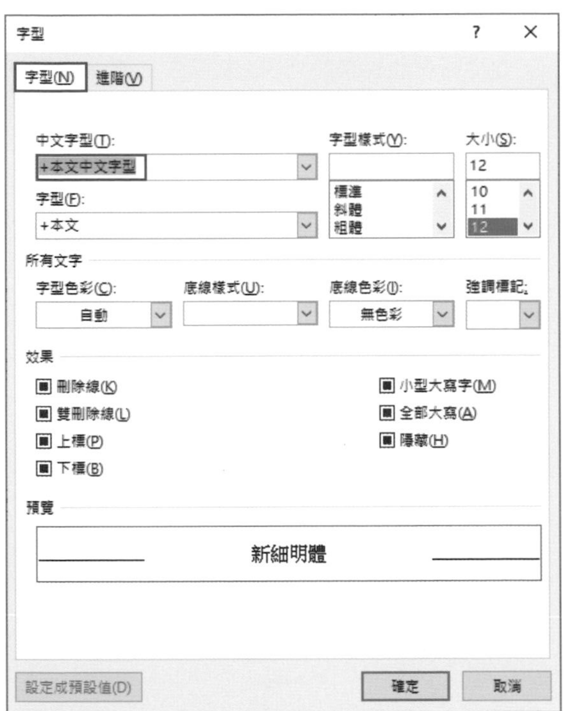

打開「字型」視窗的〔**字型**〕索引標籤，可以從「中文字型」和「（英數字）字型」欄位選擇回覆或轉寄的字型，大小為兩者共通。

在「簽名和信箋」視窗的〔**個人信箋**〕索引標籤點擊「新郵件訊息」的〔**字型**〕，還能確認或修改新郵件的字型樣式和大小。在 P.144-145 也有說明調整新郵件預設字型的做法，歡迎參考。

Shift ＋滑鼠右鍵 ＝複製檔案路徑

簡單分享共用檔案的方法

有些組織會把檔案儲存在共用硬碟，並透過以郵件提供路徑（顯示檔案存放位置的文字）的方式分享檔案。執行這個操作時，希望你一定要用〔**Shift**〕**＋滑鼠右鍵**。

〔Shift〕＋滑鼠右鍵

圖 6-7　分享路徑的操作方法

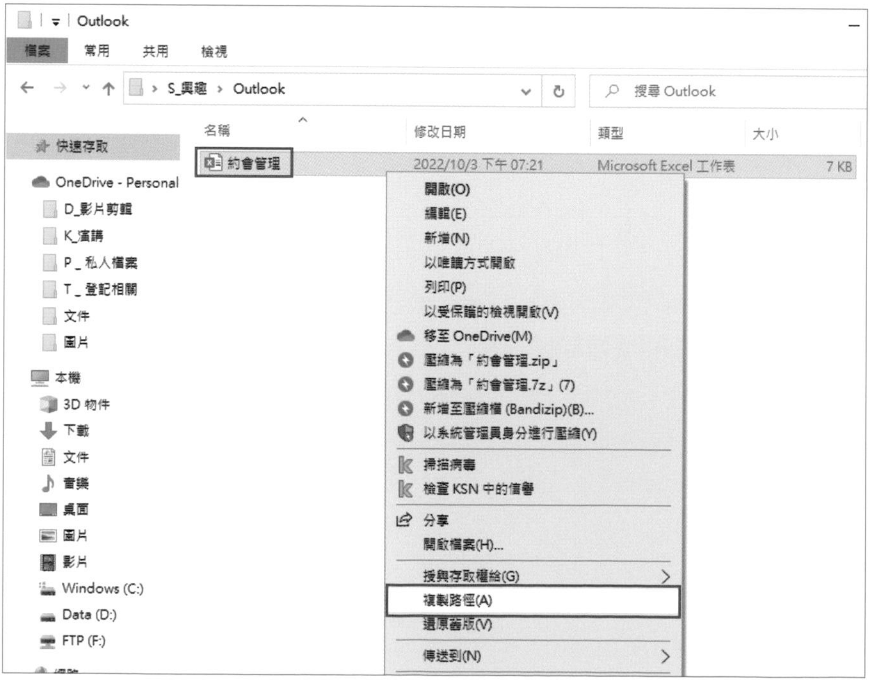

從檔案總管選擇共用硬碟中的檔案，按住〔**Shift**〕並點擊滑鼠右鍵，或是按〔**Shift**〕**＋選單鍵**（又稱「應用程式鍵」，位於鍵盤右下角，圖案像一本筆記本）叫出選單，接著選擇〔**複製路徑**〕（或〔**複製為路徑**〕），這樣就可以把開啟檔案的路徑複製到剪貼簿了。

但即使把複製的路徑直接貼到郵件，也沒辦法透過點擊開啟檔案（超連結）。分享檔案之前，你必須先把路徑轉換成超連結，這時會用到的快速鍵是〔**Ctrl**〕＋〔**K**〕。

複製好路徑之後，請開啟新郵件或回信視窗，**在輸入本文的欄位按〔Ctrl〕＋〔K〕。**

〔Ctrl〕＋〔K〕

⬇

圖 6-8　把複製的路徑貼到「網址」欄

畫面會跳出「插入超連結」的視窗，游標會自動移動到「網址」欄，請直接按〔**Ctrl**〕＋〔**V**〕貼上路徑並按下〔**Enter**〕。

圖 6-9 插入超連結了

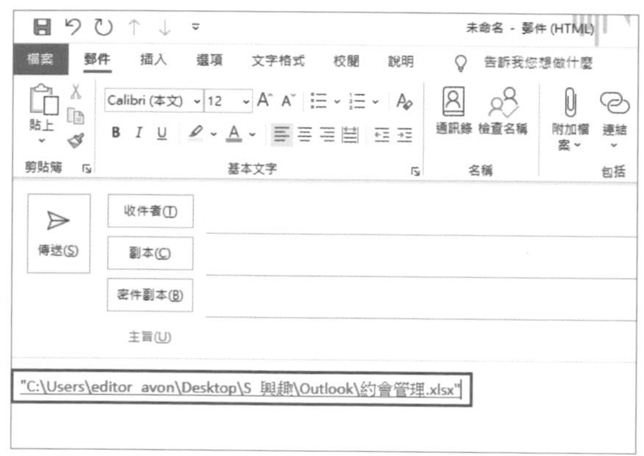

這樣就可以插入轉換成超連結的檔案路徑了。

另外，只有在 HTML 或 RTF 文字的格式之下，才能把文字（路徑）變成超連結。

COLUMN 「Outlook」的名稱由來

曾經有人在講座上問我：「『Outlook』這個名字是怎麼來的？」但當時的我並不知道答案。面對難得有人提問、我卻答不出來的窘境，我拜託五位在微軟公司上班的朋友幫忙進行調查。

然而，調查的結果卻是「不知道」。

由於軟體本身在美國開發，以及在二十多年前決定的名字，就連負責人也毫無頭緒等等，都是造成這種結果的背景原因。

仔細想想，Word 姑且不論，但 Excel 的名稱由來不也很令人好奇嗎？

如果有人知道 Outlook 和 Excel 的名字是怎麼來的，請你們一定要告訴我。

關於 Outlook，我自己的解釋是：「不要總是盯著電子郵件，也往外面（Out）看看（Look）吧！」同時我也衷心期盼本書能夠幫助你們縮短處理郵件的時間，增加可以自由運用的時間，開啟更美好的未來展望（Outlook）。

F7 ＝拼字及文法檢查

用最後一秒檢查英文錯字

在書信往來使用英文的機會如今也多了起來，寫好寄出之前，別忘了要先檢查錯字。「拼字及文法檢查」功能位於〔**校閱**〕索引標籤，只要用鍵盤就能簡單操作，快速鍵是〔**F7**〕。

〔**F7**〕

圖 6-10 試著用拼字及文法檢查

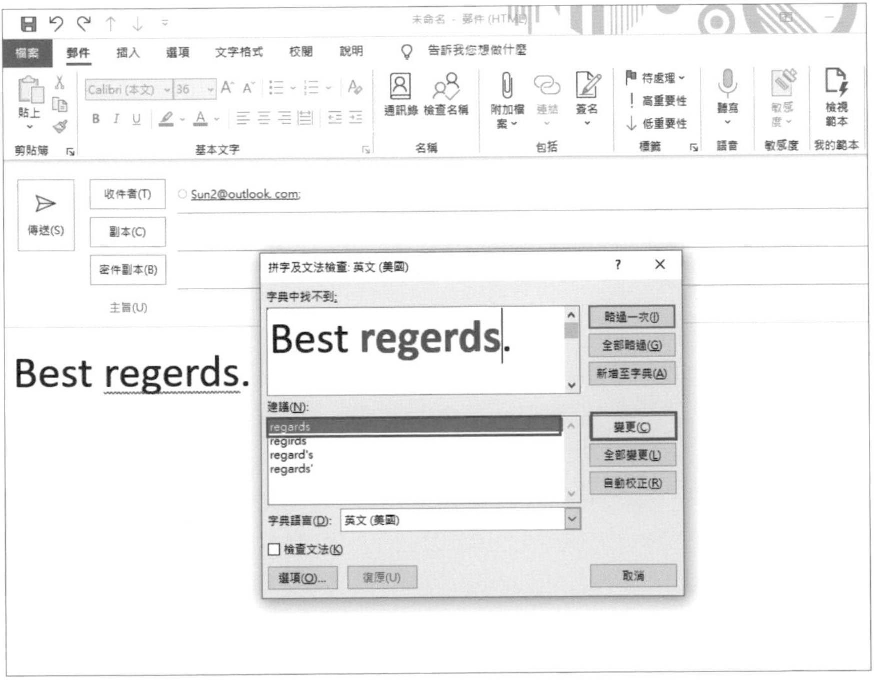

未命名 - 郵件 (HTML)

檔案 郵件 插入 選項 文字格式 校閱 說明 告訴我您想做什麼

貼上 剪貼簿 基本文字 通訊錄 檢查名稱 名稱 附加檔案 連結 簽名 包括 待處理 高重要性 低重要性 標籤 聽寫 語音 敏感度 敏感度 檢視範本 我的範本

傳送(S) 收件者(T) Sun2@outlook.com; 副本(C) 密件副本(B) 主旨(U)

Best regerds.

拼字及文法檢查: 英文 (美國)

字典中找不到:

Best regerds.

略過一次(I) 全部略過(G) 新增至字典(A)

建議(N):

regards
regirds
regard's
regards'

變更(C) 全部變更(L) 自動校正(R)

字典語言(D): 英文 (美國)

檢查文法(K)

選項(O)... 復原(U) 取消

當電腦在信裡發現錯字時，畫面會跳出「拼字及文法檢查」的視窗，可以從「建議」清單選擇正確的單字後按〔**變更**〕修改；萬一錯字不只一個，請多重複幾次這個步驟。

出現「拼字檢查完成」或「拼字檢查結束」的通知後，請點擊〔**確定**〕關閉視窗。

使用拼字檢查就不用太擔心寄出的信裡有錯字；就算不確定某個字怎麼拼，也能在輸入後利用這個功能進行修改，輕輕鬆鬆完成英文書信，這也是拼字檢查的優點之一。這個快速鍵也適用於 PowerPoint 以及 Word。

COLUMN 我維持在早上開課的原因

每天上班前，我會利用早上七點半開始大約不到一個小時的時間，安排一至兩人進行快速鍵教學。之所以這麼做有兩個原因：

第一，因為早上不會有其他行程，在早上上課就不需要為此推掉朋友的飯局。

第二，因為利用這段時間學習的人，大多都非常積極向上，見到他們可以從他們身上獲得能量。「謝謝你，我開始期待待會去上班了。」收到這樣的感想，讓我能夠以樂觀的態度面對正職工作，甚至覺得是多虧有他們的正向思考，我才能一路走到今天。

也有人擔心我從早上開始上課會不會過勞，但我每天都有確保七小時左右的睡眠時間，因此並不會對身心造成負擔；倒不如說，有效活用早上的時間，反而是我進行各種挑戰的原動力。

大家要不要也試著利用早上鑽研興趣、娛樂或學學電腦呢？

Ctrl + Shift + I
＝前往收件匣

隨時隨地開啟「收件匣」的便利快速鍵

Outlook 除了郵件以外，還有行事曆、聯絡人等好幾個頁面，而郵件頁面裡還有「草稿」和「寄件備份」等各種資料夾，在操作 Outlook 時都會用到，可是最常用的終究還是「收件匣」。**可以一口氣從任何資料夾或視窗前往收件匣的快速鍵是〔Ctrl〕+〔Shift〕+〔I〕**，請記得「I」是英文「Inbox」（收件匣）的字首。

圖 6-11 如何一秒前往「收件匣」？

〔Ctrl〕+〔Shift〕+〔I〕

圖 6-12 前往收件匣了

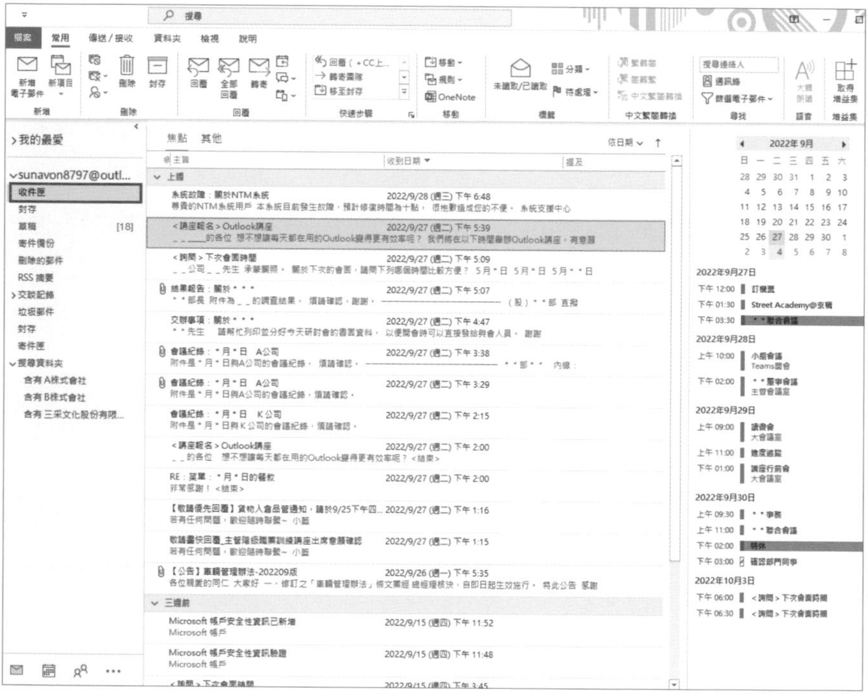

既然有進（In），當然也有出（Out）。前往寄件匣請按〔Ctrl〕+〔Shift〕+〔O〕，這是用來確認有沒有信還沒寄出的實用快速鍵。另外補充一點，請記得這裡的「O」是「Outbox」（寄件匣）的字首。

Alt ＋數字 ＝活用快速存取工具列

沒有快速鍵的功能也可以變成快速鍵

Outlook 標題列的左上角有一排比較小的按鈕，這個區域叫作「快速存取工具列」，功能區的按鈕會隨著索引標籤改變，但快速存取工具列的按鈕是固定的，不受索引標籤影響，因此它的特長是隨時都能直接用。

Outlook 可以在新郵件、新約會等不同視窗設定個別的快速存取工具列。

圖 6-13 注意視窗左上角的按鈕

而且上面的按鈕還可以搭配快速鍵使用。請你按一下〔Alt〕，在每個按鈕下方會出現〔1〕、〔2〕等數字，**先按〔Alt〕再按這些數字鍵，效果就等同於點擊個別按鈕。**在初始設定下的 Office365，Outlook 快速存取工具列的最左邊是「傳送／接收所有資料夾」，因此先按〔Alt〕再按〔1〕便會執行這項功能。

圖 6-14 按一下〔Alt〕，按鈕下方會出現編號

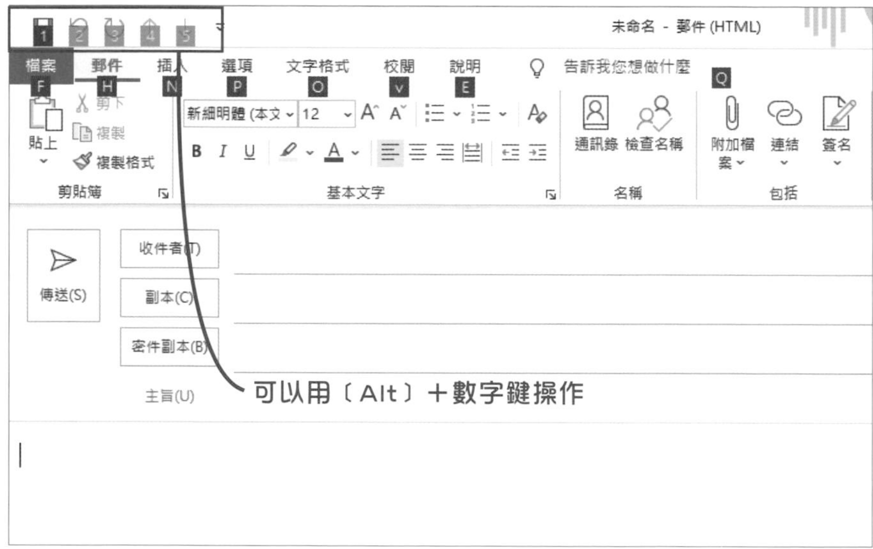

〔Alt〕的功用包含提醒你接下來按哪個鍵可以啟動哪種功能。當你按下〔Alt〕之後，除了快速存取工具列，在〔檔案〕等索引標籤下方也會出現英文字母。譬如在建立新郵件的視窗按一下〔Alt〕，〔郵件〕下面會出現〔H〕，〔插入〕下面會出現〔N〕，這時按〔H〕會打開〔郵件〕索引標籤，同時顯示對應每個按鈕的英文字母，如果想為郵件添加「高重要性」的標籤，只要再按一次〔H〕即可。

PowerPoint、Excel 和 Word 也都有按〔Alt〕顯示按鍵提示的功能，意即就算忘了快速鍵，只要用放在鍵盤上的手按一下〔Alt〕，還是可以只靠鍵盤進行操作，請你一定要記得這個有助於實現「脫滑鼠」的實用快速鍵。

7 建立「Alt＋“1”＝封存郵件」的快速鍵

不讓右手離開起始位置的快速鍵

我們可以自行把常用功能放進快速存取工具列，而且被放進去的按鈕會自動對應到不同數字鍵。**換句話說，只要把沒有快速鍵的功能放進快速存取工具列，就可以用〔Alt〕＋數字鍵進行操作；而當你想簡化需要用到三個鍵以上的快速鍵時，〔Alt〕＋數字鍵同樣也可以派上用場。**

本節將以後者的情況進行說明，我要把在 P.76-77 設定快速步驟「移至封存」所使用的快速鍵〔Ctrl〕＋〔Shift〕＋〔1〕放進快速存取工具列，讓操作變得更簡單；順帶一提，**我本身也是用這個方法來封存郵件的。**用可以單獨以左手操作的〔Alt〕＋數字鍵取代〔Ctrl〕＋〔Shift〕＋〔1〕，同時將右手固定在 Outlook 快速鍵的起始位置，如此一來，工作效率將會大大提升。

圖 6-15 將快速步驟加入快速存取工具列

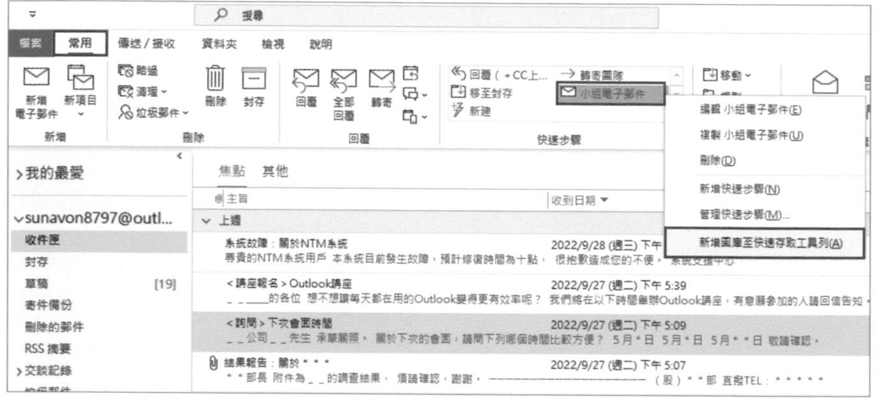

打開〔**常用**〕索引標籤，在〔**快速步驟**〕的任何一個按鈕上點擊滑鼠右鍵，選擇〔**新增圖庫至快速存取工具列**〕。

圖 6-16 設定好啟動快速步驟的快速鍵

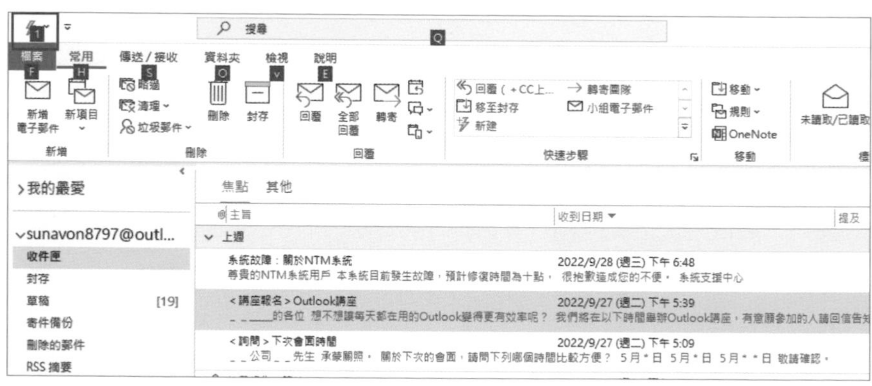

這樣〔**快速步驟**〕的按鈕就會出現在快速存取工具列了。在這個狀態下按〔**Alt**〕，按鈕上會出現數字，圖 6-16 中的數字是〔**1**〕，代表按〔**Alt**〕和〔**1**〕便能執行〔**快速步驟**〕。根據視窗的設定，快速步驟也可能會對應到〔**1**〕以外的數字，這時我們也可以把它改回數字〔**1**〕，具體做法請參考P.132-135。

圖 6-17 用方向鍵選擇要執行的快速步驟按〔Enter〕

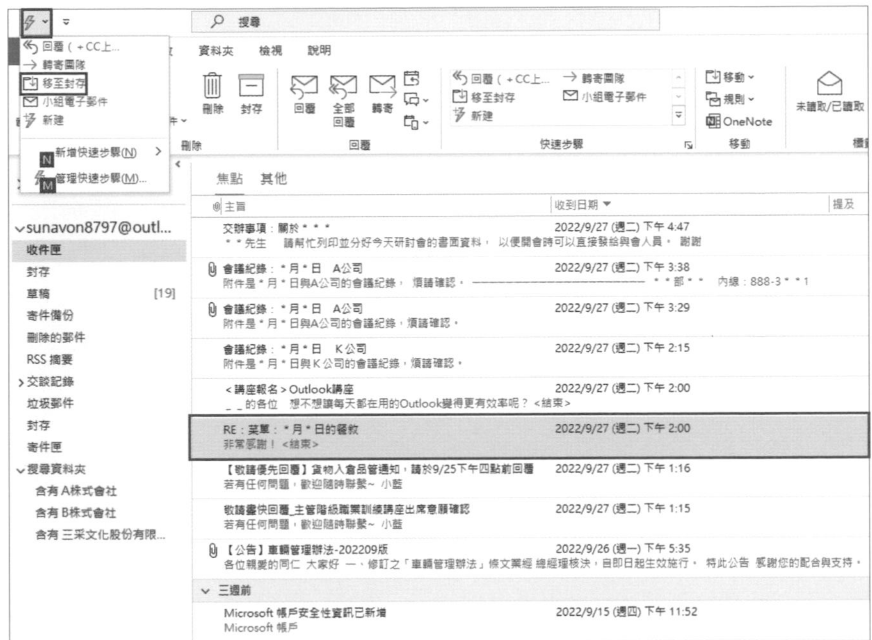

我們來確認一下怎麼操作。在收件匣選好郵件以後，請先按〔**Alt**〕再按〔**1**〕（出現在〔**快速步驟**〕按鈕下方的數字鍵），打開快速步驟列表，接著選擇〔**移至封存**〕並按下〔**Enter**〕，將郵件送進封存資料夾。

我們也可以用快速鍵叫出「編輯快速步驟」的視窗（參考 P.88）新增其他的快速步驟：按〔**Alt**〕和〔**1**〕開啟快速步驟列表之後，〔新建快速步驟〕會對應到英文字母〔**N**〕，這時按下〔**N**〕再按對應〔自訂〕的〔**C**〕，畫面就會跳出「編輯快速步驟」的視窗。

另外，如果在打開快速步驟列表後按下對應〔管理快速步驟〕的〔**M**〕，則會開啟可以對快速步驟進行編輯或調整排序的視窗。

建立「Alt＋“1”＝簽名」的快速鍵

切換不同簽名也可以用快速鍵輕鬆完成

在信末插入簽名也是我們常用的操作之一，可是這個操作本身並沒有對應的快速鍵。本節將介紹把沒有快速鍵的功能放進快速存取工具列，利用〔Alt〕和數字鍵提升操作效率的例子，而這裡要說明的是把簽名放進快速存取工具列，並且調整排列順序，讓你可以用〔Alt〕和〔1〕插入簽名的做法。

簽名的設定位於新郵件或回覆郵件的視窗，所以請先按〔Ctrl〕＋〔N〕開啟一封新郵件。

圖 6-18　把〔簽名〕按鈕放進快速存取工具列

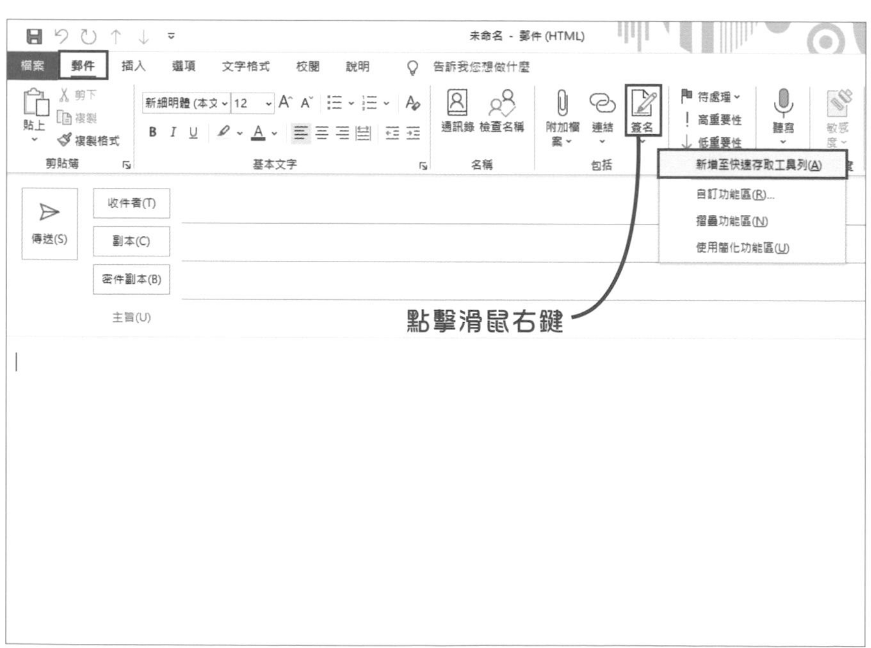

打開〔**郵件**〕索引標籤，在〔**插入**〕群組的〔**簽名**〕上點擊滑鼠右鍵，選擇〔**新增至快速存取工具列**〕。

圖 6-19　〔簽名〕對應數字鍵〔6〕

〔**簽名**〕按鈕出現在快速存取工具列後，按〔**Alt**〕可以確認對應的數字。圖 6-19 中的數字為〔**6**〕，但是這樣不太好記，所以我們要把它改成〔**1**〕。

圖 6-20　開啟設定畫面，調整按鈕的位置

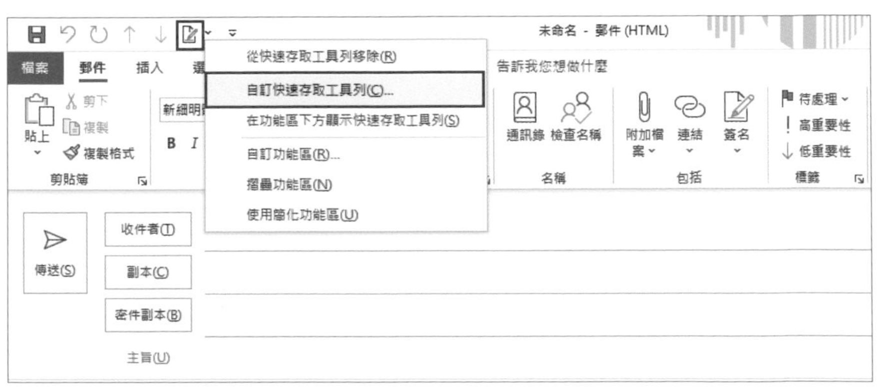

接下來在快速存取工具列的任意位置點擊滑鼠右鍵，選擇〔**自訂快速存取工具列**〕。

圖 6-21 把〔簽名〕移到上面

Outlook 選項

一般
郵件
行事曆
人員
工作
搜尋
語言
輕鬆存取
進階
自訂功能區
快速存取工具列
增益集
信任中心

自訂快速存取工具列。

由此選擇命令(C):
常用命令

<分隔符號>
RTF 文字
上一個項目
下一個項目
另存新檔
列印
低重要性
刪除
快速列印
取消復原
附加檔案
拼字及文法檢查
格式化為 HTML
純文字
高重要性
寄件者
密件副本
移動到其他資料夾...
通訊錄...
復原
郵件選項...
新增超連結
預覽列印
摺疊功能區
儲存檔案

在功能區下方顯示快速存取工具列(H)

新增(A) >>
<< 移除(R)

自訂快速存取工具列(Q):
儲存檔案
復原
取消復原
上一個項目
下一個項目
簽名

修改(M)...
自訂: 重設(E)
匯入/匯出(P)

確定 取消

跳出來視窗會自動停在快速存取工具列的頁面，在「自訂快速存取工具列」的清單裡可以看到〔**簽名**〕，選取後按一下〔▲〕會往上移動一格，請多按幾次讓它移動到最上面，最後再按〔**確定**〕關閉視窗，這樣簽名對應的數字就變成〔**1**〕了。

圖 6-22 用方向鍵選擇要插入的簽名

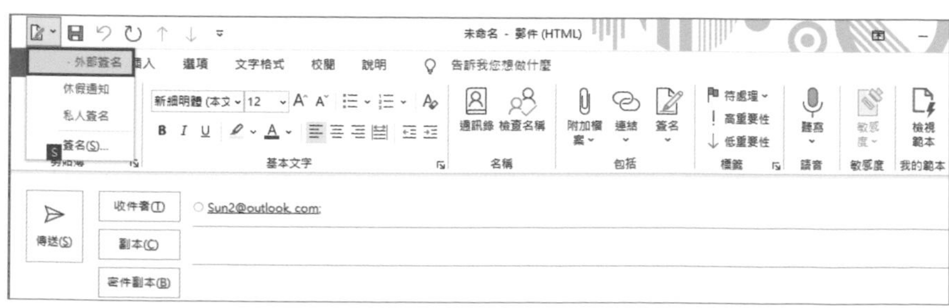

至於要怎麼用呢？請將游標移動到要插入簽名的位置，先按〔**Alt**〕再按〔**1**〕叫出簽名列表，接著選擇想要插入的簽名，按下〔**Enter**〕就完成了。

相較於打開〔**郵件**〕索引標籤，點擊〔**簽名**〕再進行選取，像這樣把按鈕放進快速存取工具列可以用更短的時間插入簽名。

話說回來，我在圖 6-22 的簽名列表選擇了「・外部簽名」，在名稱前面加「・」是為了讓它顯示在列表的頂端，因為簽名也和資料夾一樣，會根據名稱的第一個字是半形符號→半形英數字→全形中文字（按筆畫順序）進行排序，把常用的簽名放在最上面，選取時會比較方便，要節省時間必須靠這些小細節的累積才得以實現。

COLUMN 我還研究單板滑雪？實現週休三日的心路歷程

從步入社會的第二年開始，在每年一至三月這段雪質較好的滑雪旺季，我幾乎都是週休三日。

我的興趣是玩單板滑雪，但這如今也成了我的研究對象，如果從影片分析到參加比賽全都竭盡所能去做，不管有多少時間都不夠用。開始上班的第一年，我非常想為單板滑雪擠出時間。

話雖如此，公司的工作也給了我快樂和成就感，於是為了兼顧工作和滑雪，我在上班的第一年便下定決心要成為「可以週休三日的上班族」。

週休三日必須用四個工作天完成五天份的工作，要如何辦到這點呢？

經過一番思考，我得出了結論：只要用高於 5/4 的速度完成耗費大量時間的電腦文書作業，應該就可以多出一個工作天的時間。

現在每年的一至三月，我基本上都是週休三日。如果大家也能設定明確的目標，實現週休三日將不再是遙不可及的夢想。

第 7 章

常見問題

常見問題

我整理了在講座或研討會上經常被學員問到的問題和解答，以及許多人在操作 Outlook 時產生的疑惑、封存資料夾的用法，以及更有效率的搜尋法等前面來不及介紹的小祕訣，歡迎大家在有需要時翻閱參考。

收件匣裡有好幾千封信，請問要如何把它們移動到封存資料夾？

如果要一次移動數千封信，性能不夠好的電腦可能會因此當機，為了預防這種情況，我建議用每次幾百封、幾百封的方式移動郵件。具體做法如下：

請點擊最上方的郵件，接著下拉收件匣旁邊的捲軸，在你覺得差不多有幾百封的地方按住〔**Shift**〕並點擊滑鼠左鍵，這樣就可以一次選取從最上面到這裡的所有郵件，接著用拖曳的方式把它們拖進封存資料夾，就可以輕輕鬆鬆移動幾百封郵件了。

為什麼有些信搜尋不到？

在初始設定下，Outlook 的搜尋功能只會在當下選擇的資料夾內執行，如果你的資料夾分成好幾層，就有可能搜尋不到目標郵件所在的資料夾。

如果用了搜尋功能還是找不到郵件，請調整搜尋設定，做法如下：

開啟〔**檔案**〕索引標籤，選擇〔**選項**〕。

圖 7-1 變更搜尋範圍的設定以搜尋郵件

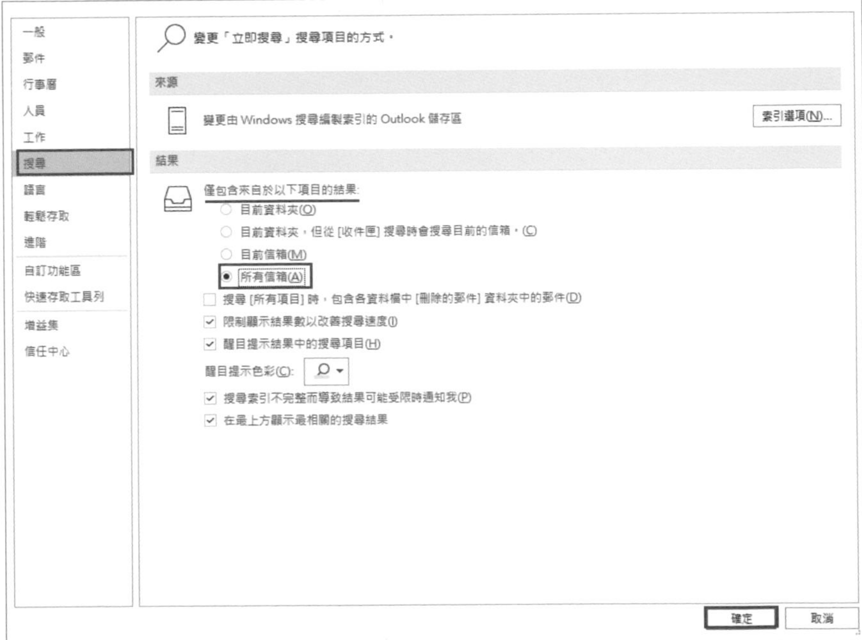

點擊左邊的〔**搜尋**〕，「僅包含來自於以下項目的結果」的預設選項是〔**目前資料夾，但從〔收件匣〕搜尋時會搜尋目前的信箱**〕，請點擊〔**所有信箱**〕（或〔所有資料夾〕）並按下〔**確定**〕，這樣就能搜尋全部的信箱了。

不過因為這個設定會擴大搜尋範圍，缺點是會讓速度變慢，因此請不要把它當成常態，只在因為資料夾太多而找不到郵件時才更改設定，搜尋完也別忘了再改回〔**目前資料夾，但從〔收件匣〕搜尋時會搜尋目前的信箱**〕。

Q.3

請問有可以把信移動到資料夾的快速鍵嗎？

用〔**Ctrl**〕+〔**Y**〕可以叫出「移至資料夾」的視窗。

圖 7-2 **用方向鍵選擇移動目的地**

按一下〔**Ctrl**〕+〔**Y**〕，畫面上會出現「移至資料夾」的視窗，用上下方向鍵選擇目的地，接著按〔**Enter**〕可以開啟該資料夾。

如果想要像圖 7-2 一樣，在選擇的時候攤開位於下層的資料夾，請將游標停在收件匣上按**方向鍵**〔**→**〕，這樣就可以選擇收件匣下層的資料夾了。

公司給的容量太少，信箱一下就滿了該怎麼辦？

最好的方法是建立個人資料夾，把郵件移過去，可是如果是純文字郵件，就算移動幾百、幾千封也不會有太大的效果，因為真正壓迫到儲存空間的是內含大型附加檔案的郵件，把這種郵件統統整理到其他地方，就可再多出儲存幾百、幾千封純文字郵件的空間。

如此一來，問題就變成該如何找出含有大型附加檔案的郵件了，這裡要使用排列功能。

圖 7-3　每個資料夾都有更改排序方式的按鈕

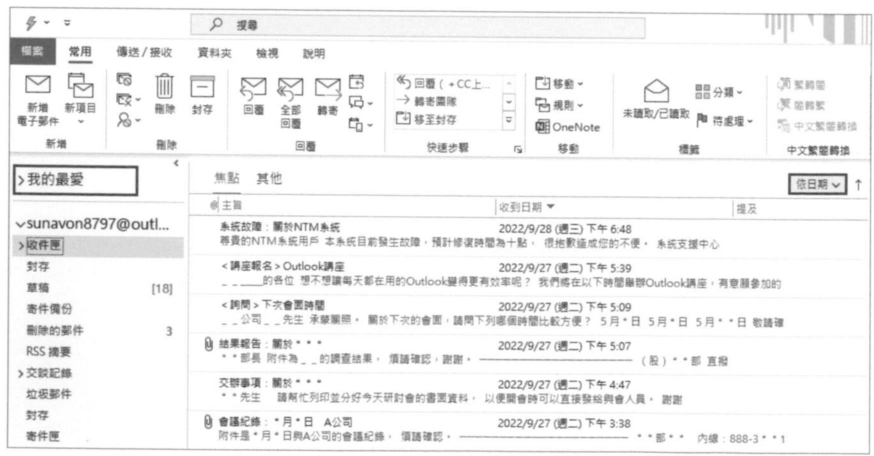

打開存放郵件的資料夾，在右上角會顯示〔**依日期**〕等排列依據，請在上面點擊滑鼠左鍵。

圖 7-4 依〔大小〕排列

請選擇「排列」選項中的〔**大小**〕；如果再點擊一次同樣的地方，還可以選擇排序要由大到小還是由小到大，部分版本的 Outlook 也可以點擊郵件清單上方標題的〔**依大小**〕調整排序。

找出比較大的檔案之後，請把它們移動到（建立在 Outlook 以外的地方的）個人資料夾騰出空間。只不過（在初始設定下）移到其他地方的郵件無法從 Outlook 進行搜尋，想要找信時請使用該資料夾的搜尋功能。

我想更改新郵件的預設字型，請問該怎麼做？

請打開〔**檔案**〕索引標籤，點擊〔**選項**〕。

圖 7-5 字型可以從〔信箋和字型〕進行修改

Outlook 選項

一般
郵件
行事曆
人員
工作
搜尋
語言
輕鬆存取
進階
自訂功能區
快速存取工具列
增益集
信任中心

變更您所建立和接收郵件的設定。

撰寫信件

變更郵件的編輯設定。 編輯器選項(E)...
使用此格式撰寫郵件(C): HTML

在傳送前檢查拼字(A) 拼字檢查及自動校正(S)...
回覆或轉寄時略過原始郵件文字(I)

建立或修改郵件的簽名。 簽名(N)...

使用信箋變更預設字型和樣式、色彩及背景。 信箋和字型(F)...

Outlook 窗格

自訂使用 [讀取窗格] 時將項目標示為已讀取的方式。 讀取窗格(R)...

郵件送達

新郵件送達時:
播放音效(P)
短暫變更滑鼠指標(H)
在工作列中顯示信封圖示(W)
顯示桌面通知(K)
啟用版權保護郵件的預覽 (可能會影響效能)(R)

交談清理

確定 取消

選擇左側清單的〔**郵件**〕，點開〔**信箋和字型**〕。

圖 7-6 點擊「新郵件訊息」的〔字型〕

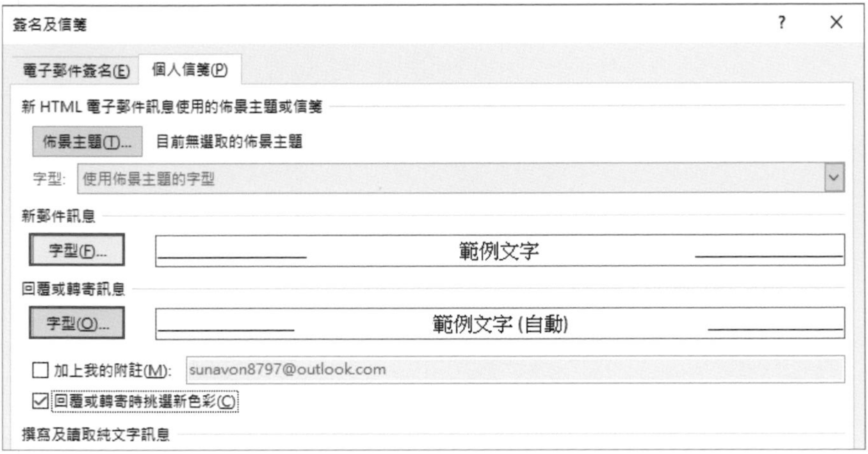

簽名及信箋
電子郵件簽名(E)
個人信箋(P)
新 HTML 電子郵件訊息使用的佈景主題或信箋
佈景主題(T)...
目前無選取的佈景主題
字型:
使用佈景主題的字型
新郵件訊息
字型(F)...
範例文字
回覆或轉寄訊息
字型(O)...
範例文字 (自動)
加上我的附註(M):
sunavon8797@outlook.com
回覆或轉寄時挑選新色彩(C)
撰寫及讀取純文字訊息

點擊「新郵件訊息」的〔**字型**〕；若想設定回覆或轉寄的字型樣式，則點擊「回覆或轉寄訊息」的〔**字型**〕。

請在畫面上出現的「字型」視窗調整字型和大小；圖 7-7 的「中文字型」是「＋本文中文字型」，大小是 12。最後按〔**確定**〕關閉所有視窗，這樣往後的新郵件就會使用更改後的字體了。

圖 7-7 可以選擇字型和大小

字型
字型(N)
進階(V)
中文字型(T):
+本文中文字型
字型樣式(Y):
大小(S):
12
字型(F):
+本文
標準
斜體
粗體
10
11
12
所有文字
字型色彩(C):
自動
底線樣式(U):
底線色彩(I):
無色彩
強調標記:
效果
刪除線(K)
雙刪除線(L)
上標(P)
下標(B)
小型大寫字(M)
全部大寫(A)
隱藏(H)
預覽
新細明體
設定成預設值(D)
確定
取消

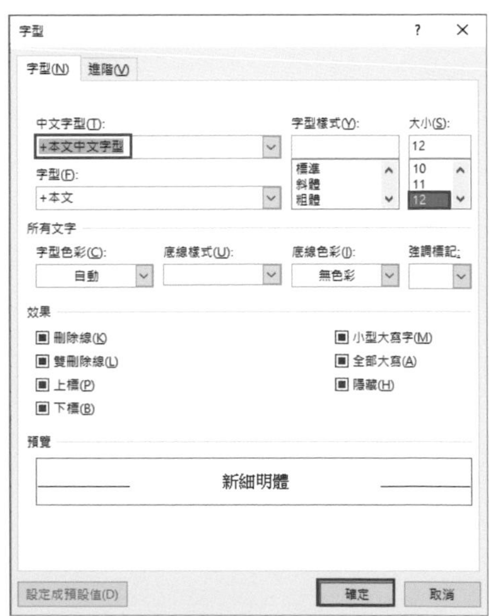

Q.6

新增的快速步驟會被排在後面，請問可以更改快速步驟的排序嗎？

快速步驟可以事後調整排序，把最常用的快速步驟放到最上面，用起來會更方便。

圖 7-8　選擇〔管理快速步驟〕更改排序

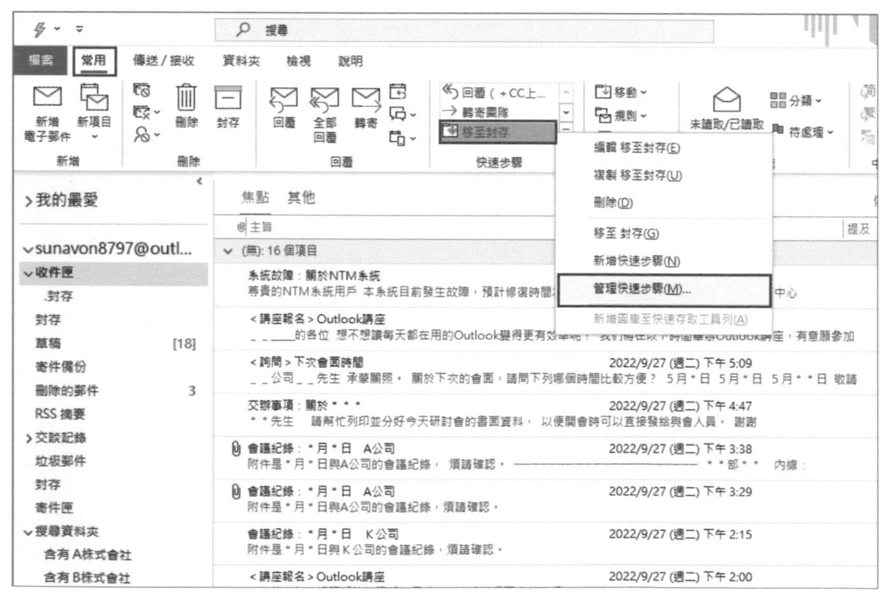

打開〔**常用**〕索引標籤，在隨便一個快速步驟上點擊滑鼠右鍵，選擇〔**管理快速步驟**〕。

圖 7-9 選擇快速步驟後點擊〔↓〕

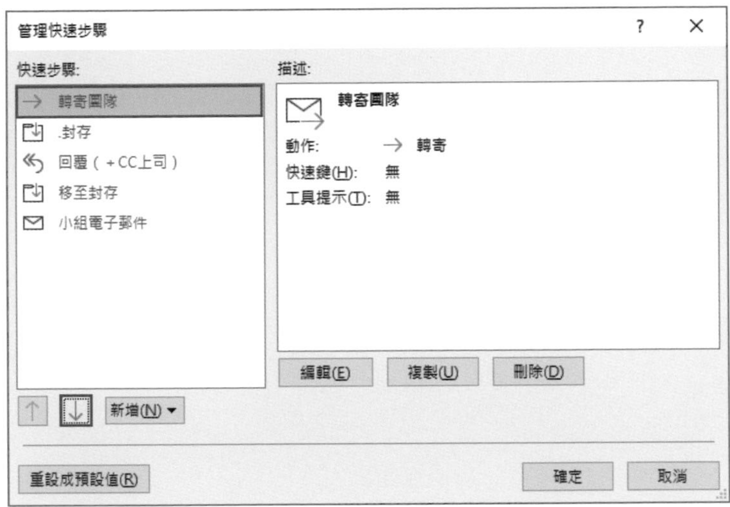

選取想要移動的快速步驟，點擊左下角的〔↑〕或〔↓〕，圖 7-9 要把「轉寄團隊」往下移動。

圖 7-10 上下交換

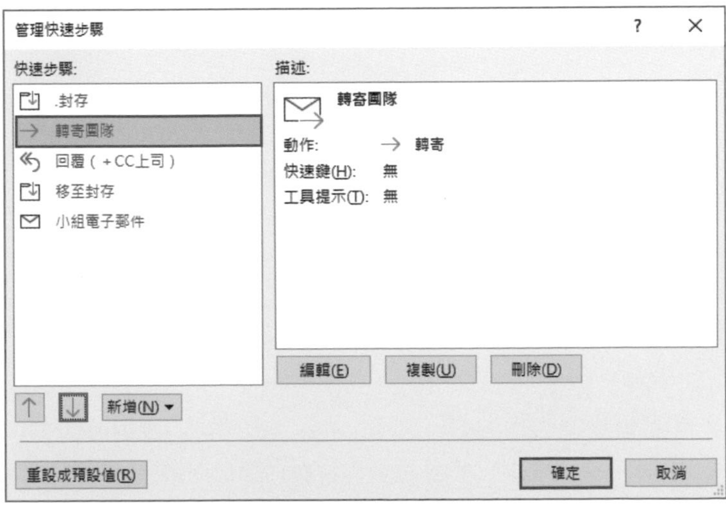

快速步驟之間會交換位置，圖 7-10 的「轉寄團隊」被移到下面了。移動好請按〔**確定**〕。

圖 7-11 改好快速步驟的排序了

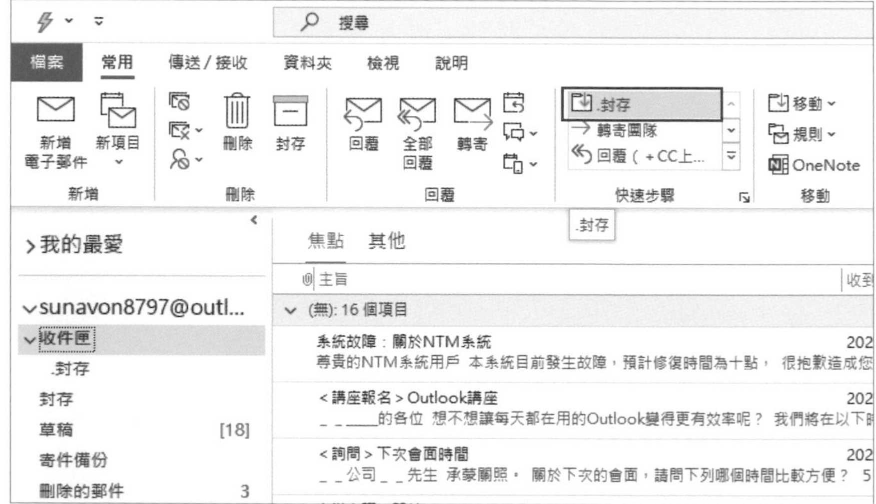

我會用手機瀏覽公司信箱，要如何透過手機使用封存功能？

A.7

把郵件存在封存資料夾的功能，基本上也能用在智慧型手機的 Outlook APP，這時郵件的儲存位置可能不是電腦的封存資料夾，但是沒有關係。

如果手機和電腦的封存資料夾不一樣，進行搜尋時，請參考前面的 A.2 把搜尋範圍擴大。就算封存在不同地方，只要同時搜尋兩邊還是可以找到郵件。

請問要如何請別人幫忙寄出特定郵件？

這是在把「可以直接寄出的信」寄給上司，請他發給全公司的時候會想要知道的功能。重點在於把這封信儲存成「oft 檔」，透過附件寄給上司。請注意，如果存成一般 Outlook 郵件格式的「msg 檔」，會發生上司就算想幫你寄，也沒有〔傳送〕鍵可按的窘況。

把郵件儲存成「oft 檔」的做法如下：

圖 7-12 選擇〔Outlook 範本〕

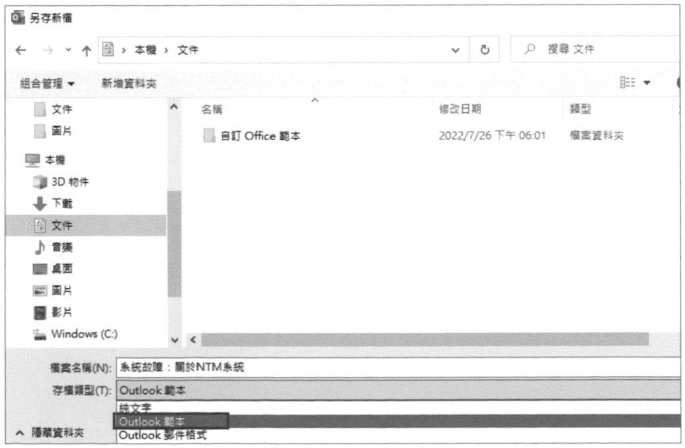

完成要請上司寄出的郵件之後，打開〔**檔案**〕索引標籤，選擇〔**另存新檔**〕（也可以按〔**F12**〕），點開「存檔類型」欄，選擇〔**Outlook 範本**〕，指定存檔的位置並點擊〔**儲存**〕。

圖 7-13 把 oft 檔加入附件寄出

新建一封郵件，將剛才存好的 oft 檔加入附件寄給上司。

圖 7-14 開啟 oft 檔即可寄出

上司只要打開附件再按下〔**傳送**〕，就可以把信發出去了。

Q.9

因為曾經找不到信，所以我沒辦法不用分資料夾的方式收納郵件，請問該怎麼辦？

如果輸入的條件不夠明確，可能會搜尋不到想找的信。我在 P.78 的〈新增搜尋條件欄〉有介紹設定複數搜尋條件的方法，歡迎參考。除此之外，搜尋與某家公司的往來信件時，與其使用公司名稱，不如用信箱「@」後面的網域名來搜尋會更準確，操作方法如下：

圖 7-15　用公司名稱搜尋也找不到

假設我們想要找到與「Forest 株式會社」往來的信件，用「Forest」搜尋卻找不到符合條件的結果。

圖 7-16 用網域名搜尋就找到了

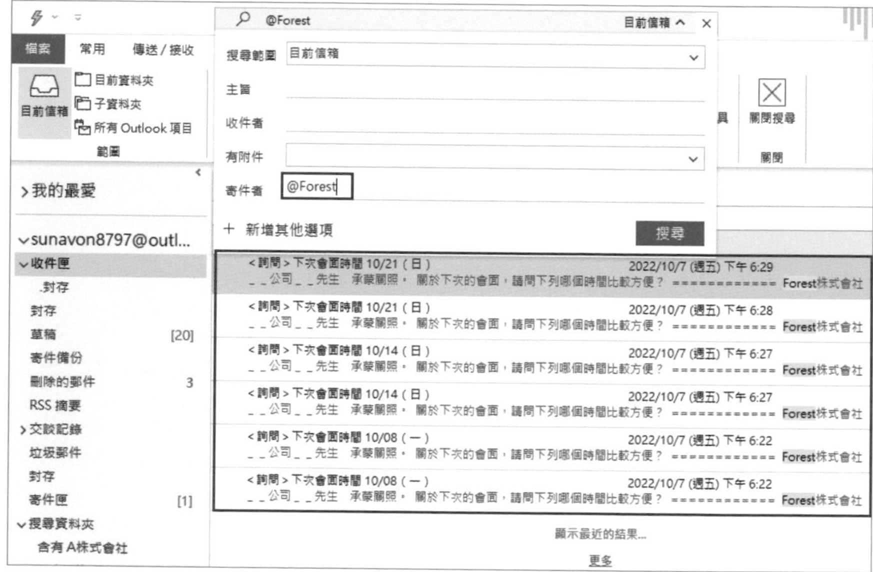

開啟指定搜尋條件的欄位，在「寄件者」輸入「@ Forest」之後，系統就找到好幾封符合的郵件了。

展開圖 7-16 所示的搜尋條件欄的方法請參考 P.78 的〈新增搜尋條件欄〉。

Q.10

請問像講座或研討會的通知信這種還沒處理完的郵件也要收進封存資料夾嗎？

我建議把之後還會再看的信加入行事曆再收到封存資料夾，透過下列方法可以輕輕鬆鬆把收到的信加入行事曆。

圖 7-17 選擇要加入行事曆的郵件按〔Ctrl〕＋〔C〕

主旨	收到日期	提及
⌄ (無): 24 個項目		
<詢問>下次會面時間 10/18（二） ＿＿公司＿＿先生　承蒙關照。 關於下次的會面，請問下列哪個時間比較方便？ ============ Forest株式	2022/10/7 (週五) 下午 7:13	
<詢問>下次會面時間 10/21（日） ＿＿公司＿＿先生　承蒙關照。 關於下次的會面，請問下列哪個時間比較方便？ ============ Forest株式	2022/10/7 (週五) 下午 6:29	
<詢問>下次會面時間 10/21（日） ＿＿公司＿＿先生　承蒙關照。 關於下次的會面，請問下列哪個時間比較方便？ ============ Forest株式	2022/10/7 (週五) 下午 6:28	
<詢問>下次會面時間 10/14（日） ＿＿公司＿＿先生　承蒙關照。 關於下次的會面，請問下列哪個時間比較方便？ ============ Forest株式	2022/10/7 (週五) 下午 6:27	
<詢問>下次會面時間 10/14（日） ＿＿公司＿＿先生　承蒙關照。 關於下次的會面，請問下列哪個時間比較方便？ ============ Forest株式	2022/10/7 (週五) 下午 6:27	
<詢問>下次會面時間 10/08（一） ＿＿公司＿＿先生　承蒙關照。 關於下次的會面，請問下列哪個時間比較方便？ ============ Forest株式	2022/10/7 (週五) 下午 6:22	
<詢問>下次會面時間 10/08（一） ＿＿公司＿＿先生　承蒙關照。 關於下次的會面，請問下列哪個時間比較方便？ ============ Forest株式	2022/10/7 (週五) 下午 6:22	

選擇要加入行事曆的信，按〔**Ctrl**〕＋〔**C**〕。

圖 7-18 在行事曆選好時間按〔Ctrl〕+〔V〕

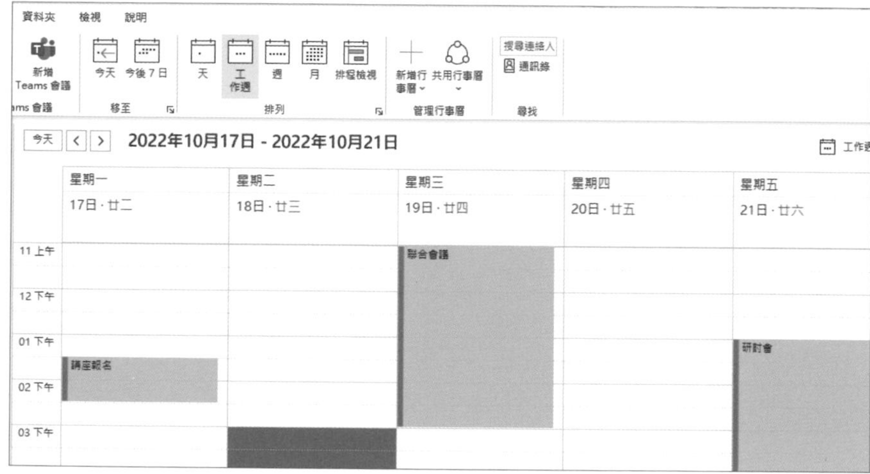

切換到行事曆的頁面，選擇時間後按〔Ctrl〕+〔V〕。

圖 7-19 點擊〔約會〕視窗的〔儲存並關閉〕

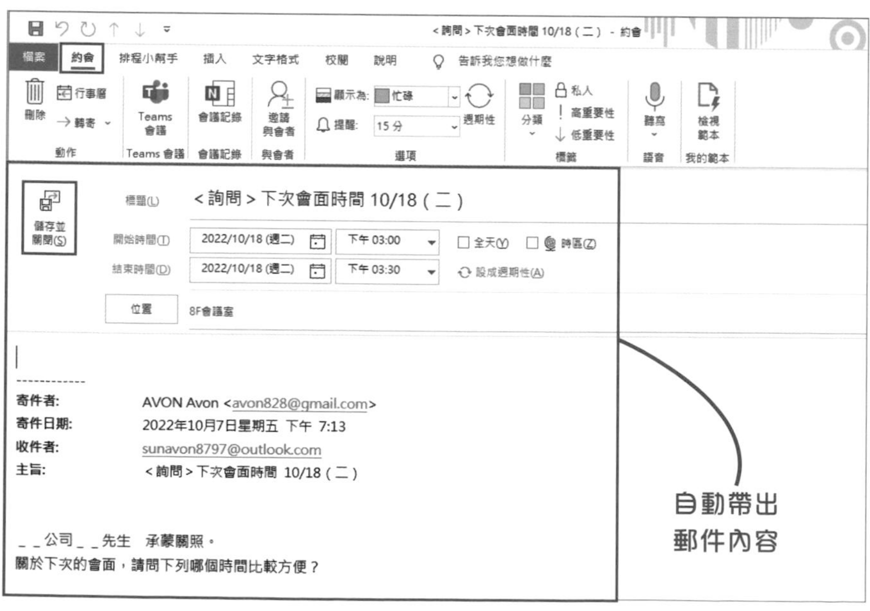

畫面會跳出包含郵件內容的約會視窗，打開〔**約會**〕索引標籤，點擊〔**儲存並關閉**〕。

圖 7-20　郵件內容會出現在行事曆上

行事曆會自動顯示郵件內容。

這個方法在 P.29 的〈Case 3 不從行事曆頁面開啟新工作〉也有說明，敬請參照。

Q.11

每天早上我都要手動啟動 Outlook，有辦法改成自動啟動嗎？

把 Outlook 的捷徑放進「啟動」（Startup）資料夾就可以在 Windows 開機時自動啟動，設定方法如下：

請按〔**Windows**〕+〔**R**〕打開「執行」視窗，在「開啟」欄輸入「shell:startup」後按下〔**Enter**〕。

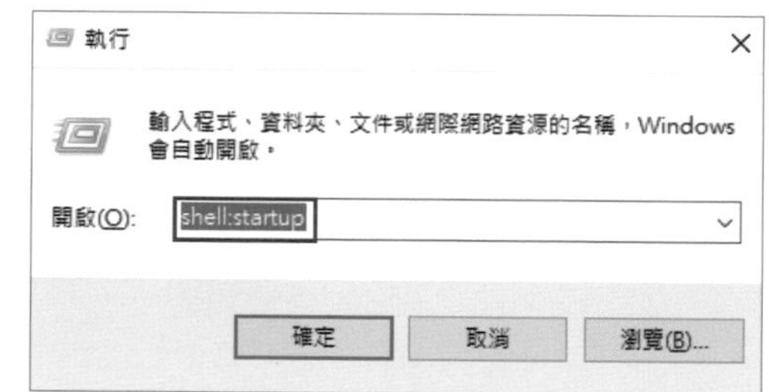

圖 7-22 跳出「啟動」資料夾

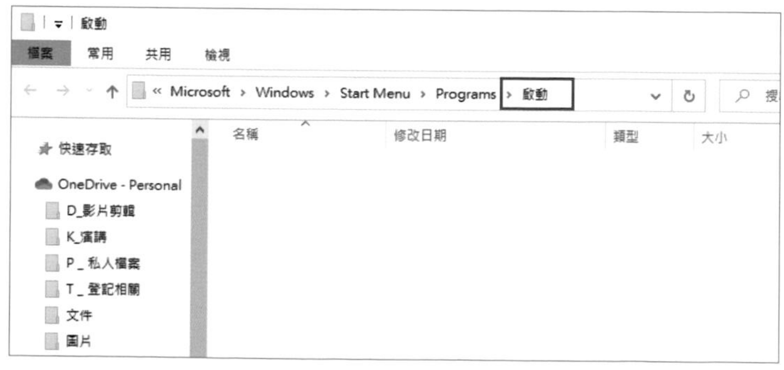

畫面上會跳出「啟動」資料夾。

圖 7-23 拖曳〔Outlook〕的圖示

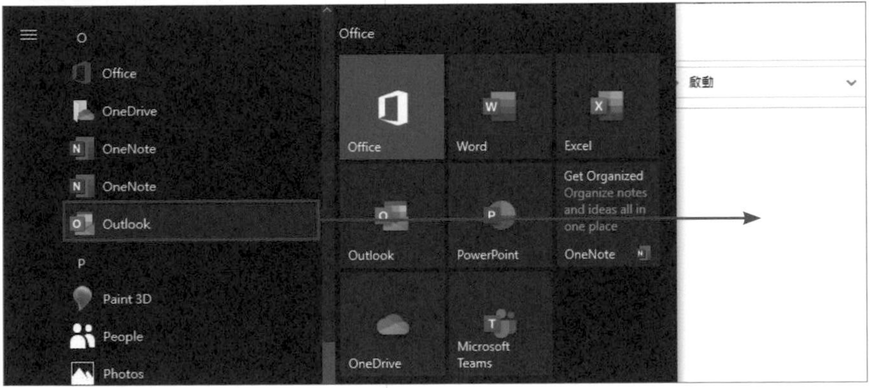

點擊〔**開始**〕，把〔**Outlook**〕的圖示拖曳到「啟動」資料夾內。

某些版本的 Windows 則需要在「開始」功能表的 Outlook 圖示點擊滑鼠右鍵→選擇〔**開啟檔案位置**〕，再把 Outlook 的捷徑從跳出來的資料夾複製到「啟動」資料夾。

圖 7-24 Outlook 被加入「啟動」資料夾了

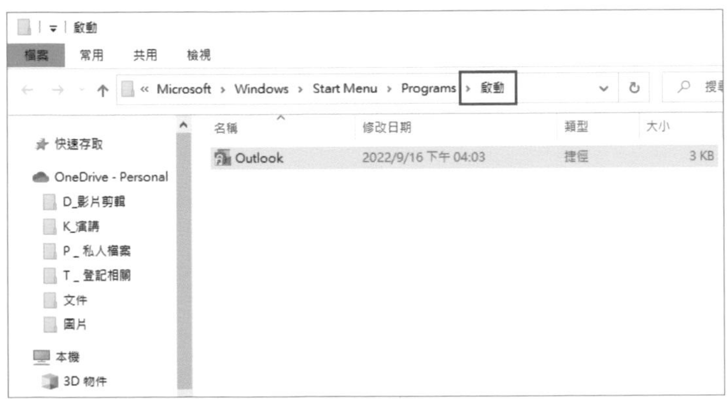

Outlook 的捷徑被放進「啟動」資料夾後，從下次開始，Outlook 就會在 Windows 開機時自動啟動。

EPILOGUE

結語

謝謝你耐心讀到最後。請容我再強調一次，提升 Outlook 力能讓人生中可以自由運用的時間大量增加，請你一定要把這些內容學以致用，也希望上班族的讀者們可以積極將所學分享給其他同事。我在書中曾說「不整理郵件並善用搜尋會更有效率」，但這句話有一個前提，那就是寄件者「要用讓收件者方便搜尋的主旨寄信」。雖然不需要想得太複雜，不過要求組織成員統一使用在一定程度上考慮到搜尋便利性的主旨寄信，是讓職場進一步效率化的關鍵。因此重要的是，在強化個人 Outlook 力的同時，組織整體也要用能幫助彼此提高效率的規則收發郵件。

具體做法除了主旨的編寫規則之外，還有「收件者」、「副本」、「密件副本」的使用區分，統一以「HTML」或「RTF 文字」作為主要格式，以及信箱建議設定（如關閉閱覽窗格）的宣導和標準化等等；最後再將組織整體成功省下來的這些時間，重新分配給全新的嘗試及挑戰。

我在二十七歲時決定要挑戰以下三件事，為了達成這個目標，我拚命提高工作效率，爭取更多可以自由運用的時間：

1. 在四十歲之前當上老闆，累積決策經驗。
2. 開發解決社會課題的新事業並擴大規模。
3. 挑戰（透過出版等方式）分享專業知識，為社會發展盡一份力。

我不斷思索該如何達成這些目標，同時卻也認為自己並沒有值得撰文成冊的專業知識。「沒有的東西就自己做。」幫助我意識到這件事情的人，是我在大學時代就認識的好友本屋敷，他曾經為了出版關於自己在求職路上活用人脈的經驗和技巧的書籍，帶著企畫書挨家挨戶地拜訪各家出版社。「原來專業知識的種子就藏在自己身邊，甚至是身上，只要將它們加以系統化後再主動尋求機會就行了。」這麼想著，我開始重新細數自己擁有的技能。

結果，我想起自己經常在職場上被人請教有關電腦的問題，而且這些問題的絕大部分都被我當場解決，因此我決定挑戰出版關於這個領域的書籍；而透過自己（負責改革工作方式，提升組織的生產力）的工作經驗，我發現 Outlook 就是最大的關鍵。

於是，我像本屋敷一樣拜訪了一間又一間的出版社，請對方過目企畫書，並邀請他們親自來講座上親身體驗。其中要感謝 DIAMOND 出版社（ダイヤモンド社）的木下翔陽先生惠賜機會，我才能夠平安把這本書送到各位手中。此外，環顧周遭，我還從率領 ONE JAPAN 的濱松誠先生身上得到了堅持到底的熱情、從單板滑雪的夥伴身上得到了絕不氣餒的鬥志、從 Street Academy 的飯田佳菜子小姐和十河貴行先生那裡得到了許多實質的機會，並且從父母那裡得到了能夠樂在其中的好奇心。

最後，我想要向為本書提供莫大協助的岡田泰子小姐致上最深的謝意，謹以此為本書作結，謝謝您。

國家圖書館出版品預行編目資料

滑鼠掰 !Outlook 高效整理術 / 森新著 ; 歐兆苓譯 .
-- 臺北市 : 三采文化股份有限公司 , 2022.12
面 ; 公分 . -- (iLead ; 5)
ISBN 978-957-658-955-3(平裝)

1.CST: Outlook(電腦程式)

312.49082 111015654

◎鍵盤圖圖片來源：
MyPro / Shutterstock.com

iLead 05

滑鼠掰！Outlook 高效整理術

年省 100 小時的 32 個技巧，資料整理 × 減少切換 × 工作革新 × 活用快速鍵

作者｜森新 譯者｜歐兆苓
編輯一部 總編輯｜郭玫禎 主編｜鄭雅芳 編輯選書｜李媁婷
美術主編｜藍秀婷 封面設計｜李蕙雲 內頁排版｜曾瓊慧

發行人｜ 張輝明 總編輯長｜ 曾雅青 發行所｜ 三采文化股份有限公司
地址｜ 台北市內湖區瑞光路 513 巷 33 號 8 樓
傳訊｜ TEL:8797-1234 FAX:8797-1688 網址｜ www.suncolor.com.tw
郵政劃撥｜ 帳號：14319060 戶名：三采文化股份有限公司
本版發行｜ 2022 年 12 月 16 日 定價｜ NT$400